2022 全

U0685108

零基础 学 经济师

必刷 1000 题

工商管理专业知识与实务（中级）

■ 中华会计网校 编

感恩22年相伴　助你梦想成真

北京理工大学出版社
BEIJING INSTITUTE OF TECHNOLOGY PRESS

图书在版编目（CIP）数据

零基础学经济师必刷1000题．工商管理专业知识与实务：中级／中华会计网校编．—北京：北京理工大学出版社，2020.7（2022.7重印）

全国经济专业技术资格考试

ISBN 978-7-5682-8492-9

Ⅰ．①零… Ⅱ．①中… Ⅲ．①工商行政管理—资格考试—习题集 Ⅳ．①F-44

中国版本图书馆 CIP 数据核字（2020）第 089960 号

出版发行／北京理工大学出版社有限责任公司

社　　址／北京市海淀区中关村南大街5号

邮　　编／100081

电　　话／（010）68914775（总编室）

　　　　　（010）82562903（教材售后服务热线）

　　　　　（010）68944723（其他图书服务热线）

网　　址／http://www.bitpress.com.cn

经　　销／全国各地新华书店

印　　刷／河北东方欲晓印务有限公司

开　　本／787 毫米×1092 毫米　1/16

印　　张／12　　　　　　　　　　　　　　　　　责任编辑／封　雪

字　　数／270 千字　　　　　　　　　　　　　　文案编辑／封　雪

版　　次／2020 年 7 月第 1 版　2022 年 7 月第 3 次印刷　　责任校对／刘亚男

定　　价／48.00 元　　　　　　　　　　　　　　责任印刷／李志强

前　言

正保远程教育

发展：2000—2022年：感恩22年相伴，助你梦想成真

理念：学员利益至上，一切为学员服务

成果：20个不同类型的品牌网站，涵盖13个行业

奋斗目标：构建完善的"终身教育体系"和"完全教育体系"

正保会计网校

发展：正保远程教育旗下的第一品牌网站

理念：精耕细作，锲而不舍

成果：每年为我国财经领域培养数百万名专业人才

奋斗目标：成为所有会计人的"网上家园"

"梦想成真"书系

发展：正保远程教育主打的品牌系列辅导丛书

理念：你的梦想由我们来保驾护航

成果：图书品类涵盖会计职称、注册会计师、税务师、经济师、资产评估师、审计师、财税、实务等多个专业领域

奋斗目标：成为所有会计人实现梦想路上的启明灯

图书特色

扫码即可在线做题

① 专项重点突破

题型专项突破，各类题目轻松一一击破
灵活按章专练，查找薄弱章节重点练习

② 创新三步刷题法

刷基础：紧扣大纲 夯实基础
刷进阶：高频进阶 强化提升
刷冲关：举一反三 高效提优

刷 **基 础** ━━━━━━━━ 紧扣大纲·夯实基础

1. 企业战略分为三个层次，具体由企业总体战略、企业业务战略和（ ）组成。
   A. 企业竞争战略
   B. 企业事业部战略
   C. 企业发展战略
   D. 企业职能战略

刷 **进 阶** ━━━━━━━━ 高频进阶·强化提升

41. 经营决策分为总体层经营决策、业务层经营决策和职能层经营决策的依据是（ ）。
   A. 决策影响的时间长短
   B. 决策的重要性
   C. 环境因素的可控程度
   D. 决策目标的层次性

刷 **冲 关** ━━━━━━━━ 举一反三·高效提优

（一）

某洗衣机生产企业通过行业分析发现，洗衣机市场已经趋于饱和，销售额难以增长，行业内部竞争异常激烈，中小企业不断退出，行业由分散走向集中……

821. 根据该企业的行业分析，洗衣机行业目前处于行业生命周期的（ ）。
   A. 形成期　　　　　　　　B. 成长期
   C. 成熟期　　　　　　　　D. 衰退期

③ 答案全解析

答案解析精细全，专业总结解题策略

参考答案及解析

刷 **单项选择题**

第一章　企业战略与经营决策

刷基础 ━━━━━━━━ 紧扣大纲·夯实基础

1. D　解析▶本题考查企业战略的层次。企业战略一般分为企业总体战略、企业业务战略和企业职能战略三个层次。
2. C　解析▶本题考查波士顿矩阵分析。瘦狗区位于直角坐标轴的左下角，本区的产品业务增长率和市场占有率较低。

刷 **多项选择题**

第一章　企业战略与经营决策

刷基础 ━━━━━━━━ 紧扣大纲·夯实基础

613. BC　解析▶本题考查价值链分析法。选项 A、D、E 属于主体活动。
614. BDE　解析▶本题考查契约式战略联盟。契约式战略联盟是指主要通过契约交易形式构建的企业战略联盟，常见的形式有：(1)技术开发与研究联盟；(2)产品联盟；(3)营销联盟；(4)产业协调联盟。

目 录

CONTENTS

参考答案及解析

刷 单项选择题

第一章　企业战略与经营决策

刷 基 础
　　　　　　　　　　　　　　　　　　　　　　紧扣大纲·夯实基础

1. 企业战略分为三个层次，具体由企业总体战略、企业业务战略和(　　)组成。

    A. 企业竞争战略　　　　　　　　　　B. 企业事业部战略

    C. 企业发展战略　　　　　　　　　　D. 企业职能战略

2. 某型号智能手表的业务增长率和市场占有率都低，表明该型号智能手表处于波士顿矩阵图的(　　)。

    A. 幼童区　　　　B. 明星区　　　　C. 瘦狗区　　　　D. 金牛区

3. 企业愿景主要包括(　　)。

    A. 核心信仰和未来前景　　　　　　　B. 核心信仰和企业哲学

C. 企业哲学和企业定位　　　　　　　D. 未来前景和企业定位

4. 下列要素中，属于麦肯锡公司提出的 7S 模型中软件要素的是（　　）。

　　A. 战略　　　　B. 制度　　　　C. 技能　　　　D. 结构

5. 企业通常运用各种现代化的控制方法进行战略控制。运用杜邦分析法旨在进行（　　）。

　　A. 工艺控制　　B. 进度控制　　C. 质量控制　　D. 财务控制

6. 通过有关专家之间的信息交流，引起思维共振，产生组合效应，从而形成创造性思维的决策方法称为（　　）。

　　A. 德尔菲法　　B. 淘汰法　　　C. 头脑风暴法　　D. 名义小组法

7. 下列不属于企业核心竞争力特征的是（　　）。

　　A. 异质性　　　B. 延展性　　　C. 持久性　　　D. 易复制性

8. 某家电企业为拓展经营领域，决定进军医药行业。从战略层次角度分析，该企业的此项战略属于（　　）。

　　A. 企业总体战略　　　　　　　　　B. 企业业务战略

　　C. 企业部门战略　　　　　　　　　D. 企业职能战略

9. 从行业生命周期各阶段的特点来看，行业的产品逐渐完善，规模不断扩大，市场迅速扩张，行业内企业的销售额和利润迅速增长，则该行业处于（　　）。

　　A. 形成期　　　B. 成长期　　　C. 成熟期　　　D. 衰退期

10. 企业战略管理者及参与战略实施者根据战略目标和行动方案，对战略的实施状况进行全面的评审，及时发现偏差并纠正偏差的活动称为（　　）。

　　A. 战略制定　　B. 战略实施　　C. 战略控制　　D. 战略评价

11. 关于企业战略管理的说法，错误的是（　　）。

　　A. 企业战略管理的基本任务是实现特定阶段的战略目标

　　B. 企业战略管理的最高任务是实现企业使命

　　C. 企业战略管理的主体是企业全体员工

　　D. 企业战略管理是一个动态过程

12. 企业管理人员应该正确分析和判断是企业的原有战略，还是常规的战略变化，这属于企业战略实施步骤中的（　　）。

　　A. 战略方案分解与实施　　　　　　B. 战略变化分析

　　C. 组织结构调整　　　　　　　　　D. 战略实施的考核与激励

13. 下列不属于战略控制原则的是（　　）。

　　A. 确保目标原则　　　　　　　　　B. 适时控制原则

　　C. 适应性原则　　　　　　　　　　D. 折中原则

14. 战略制定者向高层领导提交企业战略方案，企业高层领导确定战略后，向管理人员宣布企业战略，然后强制管理人员执行，这种战略实施模式为（　　）模式。

　　A. 指挥型　　　B. 变革型　　　C. 文化型　　　D. 增长型

15. 某家电企业不断实施现代化管理方法，着手进行业务流程再造，在经营管理方面打造了企业特有的核心竞争力。这种核心竞争力是（　　）。

　　A. 关系竞争力　　　　　　　　　　B. 资源竞争力

　　C. 区位竞争力　　　　　　　　　　D. 能力竞争力

16. 某家电生产企业围绕家电市场，生产电视机、洗衣机、电冰箱、空调等系列家电产品。

该企业采取的是(　　)。

 A. 水平多元化   B. 垂直多元化

 C. 同心型多元化   D. 非相关多元化

17. 企业在制定未来的发展战略时，可以选择的外部宏观环境分析方法是(　　)。

 A. 价值链分析法   B. 杜邦分析法

 C. PESTEL 分析法   D. 波士顿矩阵分析法

18. 某汽车生产企业在较长时间的快速发展后，降低企业发展速度，重新调整企业内部各要素，优化配置现有资源，实施管理整合，该企业采取的稳定战略是(　　)。

 A. 无变化战略   B. 维持利润战略

 C. 暂停战略   D. 谨慎实施战略

19. 企业实施成本领先战略的途径不包括(　　)。

 A. 发挥规模效应   B. 增加产品品种

 C. 整合企业资源   D. 获取技术优势

20. 企业在进行决策时，已知决策方案所需的条件，但每种方案的执行都有可能出现不同的后果，且多种后果的出现有一定的概率，这种决策方法是(　　)。

 A. 确定型决策   B. 风险型决策

 C. 不确定型决策   D. 追踪决策

21. 2010 年，中国房地产实施"房地产新政"，该措施对房地产市场产生了明显的影响，房地产市场呈现出一种新的僵持格局。此时的博弈僵持状态是国家、开发商、消费者对房地产市场的理性判断与重新认识的结果。这对房地产企业来说，面临的外部环境因素是(　　)。

 A. 经济环境   B. 政治环境

 C. 科技环境   D. 社会文化环境

22. 关于企业战略管理者，下列表述错误的是(　　)。

 A. 高层战略管理者管理的重点是确立企业的核心价值观，制定和实施企业的使命、目标、政策和策略

 B. 中层战略管理者管理的重点是制定和实施企业总体战略下的相关业务战略

 C. 基层战略管理者管理的重点是使各职能部门的功能协调配合，确保企业总体战略、企业业务战略的具体落实

 D. 企业战略的实施和控制是企业高层、中层战略管理者的主要职责

23. 下列企业活动中，属于价值链主体活动的是(　　)。

 A. 生产加工   B. 企业基本职能管理

 C. 技术开发   D. 采购

24. 某企业拟开发新产品，有四种设计方案可供选择，见下表。根据后悔值原则，该企业应选择(　　)。

市场状态 方案　　后悔值	畅销	一般	滞销
I	40	25	0

续表

方案 \ 市场状态 后悔值	畅销	一般	滞销
Ⅱ	20	0	5
Ⅲ	0	15	20
Ⅳ	10	5	10

A. Ⅰ   B. Ⅱ   C. Ⅲ   D. Ⅳ

25. H 公司是一家餐饮连锁企业，生意火爆，每天有很多顾客排队。H 公司为留住顾客，安抚消费者排队时的焦急情绪，推出个性化服务。为排队的人群设立免费美甲区域，提供免费擦鞋服务，还为顾客无偿提供零食和茶水，使得顾客的数量并没有因为排队而减少。各餐饮企业争相模仿 H 公司的做法。H 公司的做法属于(　　)。
    A. 差异化战略   B. 成本领先战略
    C. 集中化战略   D. 市场开发战略

26. 在波士顿矩阵中，瘦狗区的产品特征是(　　)。
    A. 业务增长率比较低，市场占有率比较高
    B. 业务增长率比较低，市场占有率比较低
    C. 业务增长率比较高，市场占有率比较低
    D. 业务增长率比较高，市场占有率比较高

27. 2008 年随着金融危机爆发，全球经济陷入衰退，由于经济放缓，特别是房地产、汽车、家电需求下滑，使得钢铁需求疲软。从宏观环境角度看，这属于(　　)。
    A. 经济环境   B. 政治环境
    C. 科技环境   D. 社会文化环境

28. 企业在战略实施过程中，深入宣传发动、使所有人都参与并且支持企业的目标和战略，这是(　　)战略实施模式。
    A. 指挥型   B. 变革型   C. 合作型   D. 文化型

29. 当企业面临经营困境时常常选择紧缩战略，紧缩战略的主要类型包括转向战略、清算战略和(　　)。
    A. 无变化战略   B. 暂停战略
    C. 维持战略   D. 放弃战略

30. 关于企业愿景的说法，错误的是(　　)。
    A. 企业愿景等同于企业使命
    B. 企业愿景不只专属于企业高层管理者，企业内部每一位员工都应参与构思制定愿景
    C. 企业愿景明确界定企业在未来社会范围里是什么样子
    D. 企业愿景包括企业核心信仰和未来前景两部分内容

31. 甲企业为了进入国际市场，采用特许经营的形式与目标市场国家的乙企业订立了长期的无形资产转让合同，甲企业采取的国际市场进入模式是(　　)。
    A. 直接出口模式   B. 契约进入模式
    C. 投资进入模式   D. 间接出口模式

32. 采用 SWOT 分析法进行战略选择时，重在发挥企业优势，利用市场机会的战略

是( )。

    A. SO 战略   B. WO 战略   C. ST 战略   D. WT 战略

33. 企业使命的定位不包括( )。

    A. 生存目的   B. 经营哲学

    C. 企业形象   D. 企业风气

34. 企业战略管理的关键环节是( )。

    A. 战略环境分析   B. 企业战略制定

    C. 企业战略实施   D. 企业战略控制

35. 某玩具制造商拟针对 3 岁以下的幼儿设计"幼童速成学习法"玩具系列等在内的战略方案，以增加其业务的竞争优势。该玩具制造商上述业务层战略属于( )。

    A. 集中战略   B. 多元化战略

    C. 差异化战略   D. 一体化战略

36. 某企业拟生产某种产品，根据预测估计，该产品的市场状态及概率是畅销为 0.3、一般为 0.5、滞销为 0.2，这三种市场状态下的损益值分别为 40 万元、30 万元和 25 万元。该产品的期望损益值为( )万元。

    A. 28   B. 32   C. 36   D. 38

37. 企业在原来的业务领域里，通过加强对原有产品与市场的开发渗透来寻求企业未来发展机会的一种发展战略称为( )。

    A. 战略联盟   B. 密集型成长战略

    C. 多元化战略   D. 一体化战略

38. 从环境因素的可控程度看，经营决策可分为( )。

    A. 长期决策和短期决策

    B. 确定型决策、风险型决策和不确定型决策

    C. 总体层决策、业务层决策和职能层决策

    D. 初始决策和追踪决策

39. 某企业的液晶显示技术，使其可以在笔记本电脑、计算器、电视显像技术等领域都比较容易地获得一席之地，取得竞争优势。这表明企业的核心竞争力应具备一定的( )。

    A. 价值性   B. 异质性   C. 延展性   D. 持久性

40. 某化妆品企业为了扩大产品的销量，拟定了新的市场营销战略，积极开展市场营销活动，从企业战略层次分析，该企业的此项战略属于( )。

    A. 企业总体战略   B. 企业紧缩战略

    C. 企业稳定战略   D. 企业职能战略

刷 进阶   高频进阶·强化提升

41. 经营决策分为总体层经营决策、业务层经营决策和职能层经营决策的依据是( )。

    A. 决策影响的时间长短   B. 决策的重要性

    C. 环境因素的可控程度   D. 决策目标的层次性

42. 当无法确定某种市场状态发生的可能性大小及其顺序时，可以假定每一市场状态具有相等的概率，并以此计算各方案的损益值，进行方案选择。这种方法称为( )。

A. 折中原则   B. 等概率原则

C. 后悔值原则   D. 乐观原则

43. 利润计划轮盘是罗伯特·西蒙斯提出的一种基于企业战略的业绩评价模式，其构成为利润轮盘、现金轮盘和( )。

A. 资产轮盘   B. 负债轮盘

C. 销售利润率轮盘   D. 净资产收益率轮盘

44. 某自行车生产企业为提高主打产品在现有市场的市场占有率，加大营销宣传，采用多种促销手段，发现潜在顾客，提高产品销售额。该企业采取的成长战略是( )。

A. 市场开发战略   B. 新产品开发战略

C. 市场渗透战略   D. 成本领先战略

45. 成本领先战略的核心是( )。

A. 取得某种对顾客有价值的独特性   B. 取得某种对顾客有价值的差异性

C. 加强内部成本控制   D. 实现规模效应

46. 下列活动中，属于价值链辅助活动的是( )。

A. 成品储运   B. 技术开发

C. 生产加工   D. 原料供应

47. 某企业将战略决策范围由少数高层领导扩大到企业高层管理集体，积极协调高层管理人员达成一致意见并将协商确定后的战略加以推广和实施。该企业采用的战略实施模式是( )。

A. 指挥型   B. 变革型

C. 合作型   D. 文化型

48. 关于行业生命周期中成熟期的特征的说法，错误的是( )。

A. 成本控制和市场营销的有效性成为影响企业成败的关键因素

B. 市场迅速扩大

C. 行业竞争激烈

D. 行业由分散走向集中

49. 当企业有能力使用先进的生产设备时，企业应选择的基本竞争战略为( )。

A. 成本领先战略   B. 集中战略

C. 差异化战略   D. 无差异化战略

50. 下列进入国际市场的模式中，由于信息的不对称，不能及时了解和掌握出口国家当地市场需求的是( )。

A. 贸易进入模式   B. 契约进入模式

C. 投资进入模式   D. 联邦模式

51. 下列不属于实施集中战略途径的是( )。

A. 通过选择产品系列   B. 通过细分市场选择重点客户

C. 通过市场细分选择重点地区   D. 通过规模效应

52. 通过合资或相互持股等股权交易形式构建的企业的战略联盟称为( )。

A. 股权式战略联盟   B. 契约式战略联盟

C. 产品联盟   D. 营销联盟

53. 关于企业战略管理者职责的说法，正确的是( )。

A. 高层战略管理者是企业业务战略的责任者

B. 中层战略管理者是总体战略的责任者

C. 基层战略管理者是企业职能战略的责任者

D. 企业战略的实施和控制是企业高层、基层战略管理者的主要职责

54. 下列不属于钻石模型四要素的是(　　)。

A. 生产要素　　　　　　　　　　B. 相关支撑产业

C. 企业战略、产业结构和同行竞争　D. 供给条件

55. 某化纤原料生产及成衣制造企业发现，近几年消费者关注健康的消费理念日益普及，各种纯天然的成衣大量涌入市场，使得整个化纤成衣的市场明显萎缩，导致一些化纤企业开始缩小生产规模，甚至转产。这种情况表明化纤原料及成衣制作行业开始进入(　　)。

A. 形成期　　　　　　　　　　　B. 成长期

C. 成熟期　　　　　　　　　　　D. 衰退期

56. 某高新技术企业积极吸引并聚集了大量高素质的研发人才和管理人才，构建了企业的核心竞争力。该企业的核心竞争力体现为(　　)。

A. 关系竞争力　　　　　　　　　B. 环境竞争力

C. 资源竞争力　　　　　　　　　D. 市场竞争力

57. 关于多国化战略，下列表述错误的是(　　)。

A. 强调根据不同国家客户的不同需求进行产品的差异化研发、生产和销售

B. 企业将战略和业务决策权分权到各个东道国的战略业务单元，由这些战略业务单元向本地市场提供本土化的产品

C. 容易跨国利用和转移公司的资源，有利于实现规模效应及降低成本

D. 适合于在国际竞争中占统治地位而且具有高度本土化反应能力的企业

58. 用量化的方法评估企业在每个行业的成功要素和在竞争优势的评价指标上相对于竞争对手的优势和劣势的方法是(　　)。

A. 杜邦分析法　　　　　　　　　B. 平衡计分卡

C. 内部因素评价矩阵　　　　　　D. 外部因素评价矩阵

59. 差异化战略的核心是取得某种对顾客有价值的(　　)。

A. 使用性　　　　　　　　　　　B. 竞争性

C. 差异性　　　　　　　　　　　D. 独特性

60. 采用SWOT分析法进行战略选择时，ST战略是指(　　)。

A. 利用企业优势，利用环境机会　B. 利用环境机会，克服企业劣势

C. 利用企业优势，避免环境威胁　D. 克服企业劣势，避免环境威胁

61. 某型号智能手机的业务增长率较低，但市场占有率较高，采用波士顿矩阵分析，该型号手机处于(　　)。

A. 金牛区　　　　　　　　　　　B. 瘦狗区

C. 幼童区　　　　　　　　　　　D. 明星区

62. 某企业充分调动高层管理人员的积极性和创造性由高层管理人员集体进行战略制定和决策。而后逐步实施总经理的工作，重点是协调高层管理人员，使其达成一致。该企业的战略实施模式是(　　)模式。

A. 合作型　　　　　　　　　　　B. 指挥型

C. 文化型　　　　　　　　　　　D. 增长型

63. 关于企业经营决策要素的说法中，错误的是（　　）。

A. 决策者是企业经营决策的主体

B. 确定决策目标是企业经营决策的起点

C. 企业经营决策效果受决策条件的影响

D. 决策结果是指决策者最终选定的备选方案

64. 某烤箱生产企业邀请15名专家进行集体讨论，首先要求专家以抽象画的"烘焙"为主题，提出各种烘焙方法的奇思妙想；而后将问题具体化为烤箱功能进行深入讨论；最后该企业根据讨论结果做出了决策，该企业采取经营决策方法是（　　）。

A. 名义小组技术　　　　　　　　B. 德尔菲法

C. 哥顿法　　　　　　　　　　　D. 头脑风暴法

65. 某家电企业为了更好的满足顾客需求，积极实施研究与开发战略，增加资金的投入，加大研究与开发力度。从企业战略层次分析，该企业的此项战略属于（　　）。

A. 企业总体战略　　　　　　　　B. 企业业务战略

C. 企业竞争战略　　　　　　　　D. 企业职能战略

66. 根据"五力模型"，下列情形中，供应者具有较强谈判能力的是（　　）。

A. 购买者的购买量大

B. 购买者具有自主生产所购买产品的潜力

C. 行业中替代品的数量多

D. 行业中供应者的数量少

67. 国内某手机生产企业为增强经营收入，以贴牌生产的形式与国际某知名手机生产商建立战略联盟，生产新型智能手机产品，该企业采取的战略联盟属于（　　）。

A. 技术开发与研究联盟　　　　　B. 产品联盟

C. 营销联盟　　　　　　　　　　D. 产业协调联盟

68. 某钢铁企业为降低矿石的成本，兼并了一小型采矿厂，该钢铁企业实施的战略是（　　）。

A. 水平多元化　　　　　　　　　B. 垂直多元化

C. 同心型多元化　　　　　　　　D. 非相关多元化

69. 某企业开发新产品，有四种设计方案可供选择，四种方案在不同市场状态下的损益值参见下表，采用乐观原则判断，该企业应选择（　　）。

某新产品各方案损益值表　　　　　　　　　　单位：万元

方案 ＼ 市场状态 损益值	畅销	一般	滞销
Ⅰ	50	40	20
Ⅱ	60	50	10
Ⅲ	70	60	0
Ⅳ	90	80	−20

A. 方案 I B. 方案 II
C. 方案 III D. 方案 IV

70. 为克服对客户需求的变化缺乏敏感性、公司结构性产能过剩等问题，神大钢铁公司近年来收购了远航造船厂，参股国兴造船厂，与天州钢帘线制造厂签订了合作协议。神大钢铁公司的发展战略是( )。
    A. 前向一体化战略 B. 后向一体化战略
    C. 多元化战略 D. 密集型战略

71. 某饼干生产企业不严格区分国内市场和国外市场，向国内外市场销售相同品质和口味的饼干。该企业实施的国际化经营战略是( )。
    A. 全球化战略 B. 一体化战略
    C. 多国化战略 D. 跨国战略

第二章 公司法人治理结构

扫我做试题

刷基础   紧扣大纲·夯实基础

72. 股东的义务中既是法定义务，也是约定义务的是( )。
    A. 缴纳出资义务 B. 遵守公司章程
    C. 忠实义务 D. 以出资额为限对公司承担责任

73. 原始所有权与法人产权的客体是同一财产，反映的却是不同的( )。
    A. 经济利益关系 B. 经济责任关系
    C. 经济权力关系 D. 经济法律关系

74. 根据《公司法》，有限责任公司董事会成员人数为( )人。
    A. 2~13 B. 3~13 C. 3~19 D. 5~19

75. 股份有限公司的经理机构是( )。
    A. 股东大会的辅助机构 B. 经营决策机构
    C. 公司权力机构 D. 经营管理机构

76. 根据我国《公司法》，下列职权中不属于有限责任公司经理职权的是( )。
    A. 主持公司生产经营管理 B. 拟定管理机构设置方案
    C. 组织实施董事会决议 D. 制定公司章程

77. 某有限责任公司成立后拟召开第一次股东大会，根据我国《公司法》此次会议的召集人应为( )。
    A. 出资最多的股东 B. 董事会
    C. 监事会 D. 经理机构

78. 股份有限公司修改公司章程的决议必须经出席会议的股东所持表决权的( )以上绝对多数通过。
    A. 半数 B. 三分之一 C. 三分之二 D. 四分之一

79. 在现代公司组织结构中，董事会与经理的关系是( )。

A. 以经理对董事会分权为基础的制衡关系

B. 以董事会对经理实施控制为基础的合作关系

C. 分工协作关系

D. 合作与竞争关系

80. 《公司法》对股份有限公司董事会定期会议的召开期限做了规定，即每年度至少召开（　　）次。

A. 一　　　　　　　B. 两　　　　　　　C. 三　　　　　　　D. 四

81. 股东权利的核心是（　　）。

A. 通过盈余分配获取股利　　　　　　B. 选举管理者

C. 股东诉讼权　　　　　　　　　　　D. 行使表决权

82. 根据我国《公司法》，参加股份有限公司设立活动并对公司设立承担责任的主体称为（　　）。

A. 债权人　　　　B. 债务人　　　　C. 合伙人　　　　D. 发起人

83. 有限责任公司的股东会会议做出修改章程、增加或者减少注册资本的决议，必须经代表（　　）以上表决权的股东通过。

A. 1/10　　　　B. 2/3　　　　C. 1/3　　　　D. 1/2

84. 某公司是甲市乙县的县属重要国有独资公司，为扩展业务，该公司决定与甲市乙县另一公司合并，对于这一事项，国有资产监督管理机构审核后，应报（　　）批准。

A. 乙县人民政府　　　　　　　　B. 甲市国有资产监管机构

C. 甲市人民政府　　　　　　　　D. 国务院国有资产监管机构

85. 公司作为法人对公司财产享有的占有、使用、收益和处分的权利指的是（　　）。

A. 经营权　　　　B. 所有权　　　　C. 法人产权　　　　D. 控制权

86. 股份有限公司股东行使股权的重要原则是（　　）。

A. 股权多数决　　　B. 一股一权　　　C. 数额多数决　　　D. 一人一票

87. 国有独资公司的董事每届任期不得超过（　　）。

A. 一年　　　　B. 二年　　　　C. 三年　　　　D. 四年

88. 根据我国《公司法》，公司经理的聘任和解聘由（　　）决定。

A. 股东会　　　　　　　　　　B. 董事会

C. 监事会　　　　　　　　　　D. 职工代表大会

89. 根据我国《公司法》，下列人员中，不得担任有限责任公司监事的是（　　）。

A. 年满 18 周岁、具有完全民事行为能力的人

B. 因贪污被判处刑罚，执行期满已逾 5 年的人

C. 负有数额较大的债务到期未清偿的人

D. 因犯罪被剥夺政治权利，执行期满已逾 5 年的人

90. 国有独资公司的监事会由国有资产监督管理机构派出，其派出目的不包括（　　）。

A. 加强对国有独资公司的监管　　　B. 促进董事、经理忠实履行职责

C. 确保国有资产不受侵犯　　　　　D. 监控企业的员工流失

91. 公司制企业有明晰的产权关系，其中对全部法人财产依法拥有独立支配权力的主体是（　　）。

A. 股东　　　　B. 公司　　　　C. 董事会　　　　D. 经营层

92. 股份有限公司的股东以其(　　)为限对公司承担有限责任。
    A. 个人资产
    B. 认购的股份
    C. 家庭资产
    D. 实缴的出资额

93. 根据我国《公司法》,关于发起人股东的说法,错误的是(　　)。
    A. 股份公司的发起人必须一半以上在中国有住所
    B. 发起人持有的本公司的股份自公司成立之日起3年内不得转让
    C. 自然人发起人应当具备完全民事行为能力
    D. 发起人对设立行为产生的债务承担连带责任

94. 股份有限公司中,单独或者合计持有公司(　　)以上股份的股东,可以在股东大会召开十日前提出临时提案并书面提交董事会。
    A. 5%
    B. 4%
    C. 3%
    D. 10%

95. 根据《公司法》,召集董事会会议应当于会议召开(　　)日前通知全体董事和监事。
    A. 15
    B. 10
    C. 7
    D. 5

96. 国有独资公司的合并、分立、解散、增加或者减少注册资本等事项由(　　)决定。
    A. 董事会
    B. 国有资产监督管理机构
    C. 监事会
    D. 企业职工代表大会

97. 下列不属于独立董事职权的是(　　)。
    A. 可以在股东大会召开前公开向股东征集投票权
    B. 向董事会提议聘用或解聘会计师事务所
    C. 向董事会提请召开临时股东大会
    D. 检查公司财务

98. 在直接或间接持有上市公司已发行股份的(　　)以上的股东单位或者在上市公司前五名股东单位任职的人员及其直系亲属不能担任独立董事。
    A. 1%
    B. 5%
    C. 10%
    D. 15%

99. 根据《公司法》,有限责任公司中监事的任期为每届(　　)年。
    A. 2
    B. 3
    C. 4
    D. 5

100. 根据我国《公司法》,下列人员中,不得担任有限责任公司法定代表人的是(　　)。
    A. 总经理
    B. 董事长
    C. 执行董事
    D. 监事会主席

101. 关于股份有限公司董事的表述,错误的是(　　)。
    A. 董事任期由公司章程规定
    B. 董事每届任期不得超过2年
    C. 董事任期届满,连选可以连任
    D. 董事具有忠实和注意义务

102. 王某是甲公司的发起人股东,公司成立后,王某因抽逃5 000万元被查处,根据我国公司法,对王某处以(　　)万元罚款。
    A. 50~250
    B. 50~500
    C. 250~750
    D. 250~700

103. 下列股东大会的事项中,适用于累积投票制的是(　　)。
    A. 修改公司章程
    B. 选举董事、监事
    C. 确定分红方案
    D. 减少注册资本

104. 根据《公司法》,自然人作为股份有限公司的发起人股东,必须具有(　　)。
    A. 完全行为能力
    B. 特定行为能力

C. 限制行为能力   D. 中国国籍

105. 既处于公司决策系统和执行系统的交叉点，又是公司运转的核心的是( )。

    A. 经理机构   B. 股东会   C. 监事会   D. 董事会

106. 公司经理的经营水平和经营能力要接受( )。

    A. 监事会的监督   B. 董事会的监督

    C. 职工的考核   D. 股东会的考察

107. 我国《公司法》规定，设立股份公司，其发起人必须( )以上在中国有住所。

    A. 一半   B. 三分之一

    C. 四分之一   D. 五分之一

108. 关于国有独资公司监事会的说法，正确的是( )。

    A. 监事会成员不得少于3人

    B. 监事会中的职工代表为兼职监事

    C. 监事会中的职工代表由国有资产监督管理机构委派

    D. 监事会主席由监事会中半数以上监事选举产生

109. 某企业通过年薪制、薪金与奖金相结合和股票期权等形式来激励员工，这种激励属于( )。

    A. 报酬激励   B. 声誉激励

    C. 实物激励   D. 市场竞争机制

110. 根据我国《公司法》，关于股份有限公司监事会的说法，错误的是( )。

    A. 监事会成员不得少于3人

    B. 监事会中职工代表比例不得少于1/3

    C. 监事会主席由全体监事过半数选举产生

    D. 监事会的监事任期届满不得连任

111. 关于国有独资公司董事会的说法，错误的是( )。

    A. 董事会中的职工董事由公司职工选举产生

    B. 董事会成员每届任期不得超过3年

    C. 董事长由董事会选举产生

    D. 董事会中职工代表比例由公司章程规定

112. 董事会决议的表决实行的原则是( )。

    A. "一人一票"原则和多数通过原则

    B. "一股一权"原则和多数通过原则

    C. 资本多数决原则和多数通过原则

    D. 资本多数决原则和董事数额多数决原则

113. 根据我国《公司法》，国有独资公司的经理由( )聘任或解聘。

    A. 职工大会   B. 监事会

    C. 董事会   D. 国有资产监管机构

114. 有限责任公司股东会的普通决议，只需经代表( )以上表决权的股东通过。

    A. 四分之一   B. 三分之一   C. 三分之二   D. 二分之一

115. 我国《公司法》规定，公司监事会中职工代表的比例不得低于( )。

    A. 五分之一   B. 四分之一   C. 三分之一   D. 二分之一

116. 在信息时代，经营者可以凭借其特有的职业素质，使其在信息交流中处于内外结点，从而获取重要的关键性信息，使企业迅速做出反应，以适应市场竞争的需求。这体现的经营者对现代企业的重要作用是(　　)。
    A. 有利于企业获得关键性资源　　　B. 有利于企业技术创新能力的增强
    C. 有利于企业团队合作能力的培养　D. 有利于完善公司管理制度

117. 公司经营的最大受益人和风险承担者是(　　)。
    A. 董事　　　　B. 股东　　　　C. 监事　　　　D. 经理

118. 国有独资公司董事会的成员为(　　)人。
    A. 3~13　　　　B. 3~19　　　　C. 5~19　　　　D. 5~13

119. 我国《公司法》明确了国有独资公司章程的制定和批准机构是(　　)。
    A. 人大常委会　　　　　　　　B. 国有资产监管机构
    C. 股东大会　　　　　　　　　D. 董事会

120. 下列公司类型中，必须设置经理的是(　　)。
    A. 有限责任公司　　　　　　　B. 中外合资公司
    C. 国有独资公司　　　　　　　D. 合伙公司

121. 公司所有权本身的分离是(　　)。
    A. 法人产权与债权的分离　　　B. 法人产权与经营权的分离
    C. 原始所有权与法人产权的分离　D. 原始所有权与一般所有权的分离

122. 按照法律形态来划分，企业的组织形式不包括(　　)。
    A. 个人业主制企业　　　　　　B. 合伙制企业
    C. 公司制企业　　　　　　　　D. 高新技术企业

123. 在现代企业中，所有者与经营者之间是(　　)关系。
    A. 相互制衡　　B. 委托代理　　C. 信任托管　　D. 监督管理

刷 进 阶　　　　　　　　　　　　　　高频进阶·强化提升

124. 提请聘任或者解聘公司副经理、财务负责人的职权属于公司的(　　)。
    A. 监事　　　　B. 董事　　　　C. 经理　　　　D. 股东

125. 有限责任公司董事的任期由公司章程规定，但每届任期不得超过(　　)年，任期届满，连选可以连任。
    A. 2　　　　　B. 3　　　　　C. 5　　　　　D. 6

126. 在经营者拥有的业务能力中，核心能力是(　　)。
    A. 组织能力　　　　　　　　　B. 决策能力
    C. 应变能力　　　　　　　　　D. 创新能力

127. 某国有独资公司拟改组监事会，确定监事会共有成员9人，根据我国《公司法》，该公司改组后监事会成员中职工代表不得少于(　　)人。
    A. 3　　　　　B. 2　　　　　C. 1　　　　　D. 4

128. 某上市公司决定聘任独立董事，根据我国《公司法》，下列人员中，不得担任该公司独立董事的是(　　)。
    A. 在该公司附属企业任职的人
    B. 在持有该公司1%已发行股份的股东单位任职的人

C. 3 年前持有该公司 3% 已发行股份的人

D. 持有该公司 0.5% 已发行股份的人

129. 通过对经营者履行职能状况的综合考察给予经营者相应的社会地位，这种经营者的激励约束机制属于(   )。

A. 报酬激励

B. 声誉激励

C. 内在激励

D. 社会价值激励

130. 关于国有独资公司监事会的职权，下列表述错误的是(   )。

A. 对董事、高级管理人员执行公司职务的行为进行监督

B. 当董事、高级管理人员的行为损害公司的利益时，要求董事、高级管理人员予以纠正

C. 发现公司经营情况异常时不可以进行调查

D. 向股东会会议提出提案

131. 一般而言，企业财产所有权(或产权)的拥有者称为(   )。

A. 占有者   B. 管理者   C. 经营者   D. 所有者

132. 科学的经营者选择方式应该是(   )。

A. 工会选举

B. 内部选拔

C. 市场招聘和内部选拔并举

D. 市场招聘和政府委派并举

133. 公司的原始所有权是出资人(股东)对投入资本的终极所有权，其表现为(   )。

A. 股权   B. 法人产权   C. 执委会   D. 监事会

134. 有限责任公司的监事会每年至少召开(   )次会议，监事可以提议召开临时监事会会议。

A. 1   B. 2   C. 3   D. 4

135. 在公司的组织机构中居于最高层的是(   )。

A. 董事会   B. 股东大会   C. 经理   D. 监事会

136. 2021 年 10 月 10 日某股份有限公司半数董事提议召开董事会临时会议，根据我国《公司法》，该公司董事长应当于(   )前召集和主持该会议。

A. 2021 年 10 月 20 日

B. 2021 年 10 月 15 日

C. 2021 年 10 月 25 日

D. 2021 年 10 月 17 日

137. 制定公司的基本管理制度属于(   )的职权。

A. 监事会   B. 经理机构   C. 董事会   D. 股东会

138. 关于股份有限公司股东大会的说法，错误的是(   )。

A. 股东大会应该每年召开两次年会

B. 监事会提议召开时，应当在两个月内召开临时股东大会

C. 股东大会做出普通决议时，必须经出席会议的股东所持表决权过半数通过

D. 在公司组织机构中，股东大会居于最高层

139. 股东的义务中，最重要的是(   )。

A. 忠实义务

B. 遵守公司章程

C. 缴纳出资义务

D. 以出资额为限对公司承担责任

第三章　市场营销与品牌管理

扫 我 做 试 题

140. 品牌资产中，消费者对某一品牌在品质上的整体印象是指（　　）。
   A. 品牌知名度　　　　　　　　B. 感知质量
   C. 品牌联想度　　　　　　　　D. 品牌忠诚度

141. 大型超市连锁店为不同地区分店选择重点销售商品时，会考虑到每个地区中居民的一般消费特性，其中一个分类是按居民的平均收入水平的高低，将居民消费者划分为高收入、中等收入及低收入三个客户群组，该细分过程属于（　　）。
   A. 人口细分　　B. 心理细分　　　C. 行为细分　　　　D. 价值细分

142. 需求导向定价法包括（　　）。
   A. 认知价值定价法和需求差别定价法　　B. 随行就市定价法和竞争价格定价法
   C. 成本导向定价法和目标利润定价法　　D. 密封投标定价法和盈亏平衡定价法

143. 企业根据内外部营销环境和资源条件对营销活动制定的长期的、全局性的行动方案是指（　　）。
   A. 产品开发战略　　　　　　　B. 企业总体战略
   C. 市场营销战略规划　　　　　D. 企业战略计划

144. 品牌资产中，（　　）是品牌资产的核心。
   A. 品牌知名度　　　　　　　　B. 感知质量
   C. 品牌联想度　　　　　　　　D. 品牌忠诚度

145. 某企业把整个市场看成一个目标市场，只向市场投放一种产品，通过大规模分销和大众化广告推销产品。这种目标市场选择战略属于（　　）。
   A. 无差异营销战略　　　　　　B. 集中性营销战略
   C. 差异性营销战略　　　　　　D. 市场组合营销战略

146. 下列属于企业任务书需要满足的标准的是（　　）。
   A. 企业任务书中的目标应是无限的　　B. 企业任务书应是产品导向的
   C. 企业任务书应富有激励性　　　　　D. 政策要宏观

147. 一定时期内一家企业某种产品的销售量（或销售额）占同一市场上的同类产品销售总量（总额）的百分比指的是（　　）。
   A. 投资收益率　　　　　　　　B. 相对市场占有率
   C. 绝对市场占有率　　　　　　D. 销售增长率

148. 生产商运用人员推销和销售促进，将产品由生产商向批发商推销，再由批发商向零售商推销，最后再由零售商向消费者推销。这属于（　　）。
   A. 推动策略　　　　　　　　　B. 拉引策略
   C. 销售促进　　　　　　　　　D. 人员推销

149. 下列属于市场营销战略规划步骤的是（　　）。

A. 定期业务回看　B. 企业目标拆解　　　C. 安排业务组合　　　D. 分配具体任务

150. 影响企业产品价格下限的因素是( )。
A. 市场需求　　B. 市场竞争　　　　　C. 成本　　　　　　　D. 费用

151. 通用电气矩阵的左上角区域叫做( )。
A. 黑色地带
B. 黄色地带
C. 红色地带
D. 绿色地带

152. 管理者在对未来业务的发展做规划时可以采取的战略包括( )。
A. 密集增长战略
B. 差异化增长战略
C. 分散化增长战略
D. 垂直增长战略

153. 某企业的产品总投资为 200 万元，固定成本 40 万元，单位可变成本为 20 元，预计销售量为 8 万个。若采用目标利润定价法，目标收益率为 30%，该企业的单价为( )元。
A. 24　　　　　　B. 25　　　　　　　C. 30　　　　　　　D. 32.5

154. 企业最常用的市场定位方法包括( )。
A. 根据属性与利益定位
B. 根据原材料定位
C. 根据渠道情况定位
D. 根据销量定位

155. 大卫·艾克提炼出的品牌资产的"五星"概念模型中，消费者对于品牌的记忆程度称为( )。
A. 感知质量
B. 品牌忠诚度
C. 品牌联想度
D. 品牌知名度

156. 为了方便储运的若干个次要包装的集合包装指的是( )。
A. 首要包装　　B. 次要组合包装　　　C. 装运包装　　　　　D. 礼品包装

157. 各种产品都拥有自己独特的包装，在设计上采用不同的风格，这种包装策略属于( )。
A. 相似包装策略
B. 分等级包装策略
C. 相关包装策略
D. 个别包装策略

158. 根据环境威胁矩阵图，在第 I 象限内( )。
A. 环境威胁程度高，出现的概率大
B. 环境威胁程度高，出现的概率小
C. 环境威胁程度低，但出现的概率却很大
D. 环境威胁程度低，出现的概率也小

159. 新产品开发策略中的联合研制战略是按照( )划分的。
A. 开发新产品的方式
B. 新产品革新程度
C. 开发时机
D. 开发效果

160. 通常，资金雄厚的大企业为在市场上占据领导地位甚至垄断全部市场而采取的目标市场模式是( )模式。
A. 全面进入
B. 产品/市场集中化
C. 产品全面化
D. 市场专业化

161. 企业直接与目标顾客接触，不通过中间商，以便获取目标顾客的快速反应并培养长期顾客关系的促销策略是( )。

A. 广告　　　　B. 人员推销　　　　C. 直复营销　　　　D. 公共关系

162. 下列属于品牌忠诚度的五个级别的是(　　)。

A. 主动购买者　　B. 习惯购买者　　C. 被动购买者　　D. 持续购买者

163. 给每个品牌均冠以企业名称，以企业名称表明产品出处和特点的策略是(　　)。

A. 个别品牌策略　　　　　　　　B. 分类家族品牌策略

C. 企业名称与个别品牌并用策略　　D. 统一品牌策略

164. 适用于仿制可能性较小，生命周期较短且高价仍有需求的产品的定价策略是(　　)。

A. 市场渗透定价策略　　　　　　B. 撇脂定价策略

C. 温和定价策略　　　　　　　　D. 产品线定价策略

165. 很多资金有限的中小企业往往采用的制定广告预算的方法是(　　)。

A. 量力而行法　　　　　　　　　B. 销售百分比法

C. 竞争均势法　　　　　　　　　D. 目标任务法

166. 某小型游乐场共有 5 个游乐项目，每个项目票价分别为 30 元、40 元、30 元、50 元、50 元，通票定价为 120 元。这种产品组合定价策略为(　　)。

A. 产品线定价　　B. 备选产品定价　　C. 产品束定价　　D. 副产品定价

167. 下列不属于多品牌决策优点的是(　　)。

A. 可以提高产品陈列比例　　　　B. 可以吸引更多顾客

C. 可以引入竞争机制　　　　　　D. 有助于强化品牌效应

168. 生产商利用广告和公共关系手段，极力向消费者介绍产品，使他们产生兴趣，吸引、诱导他们来购买。这属于(　　)。

A. 推动策略　　B. 拉引策略　　C. 销售促进　　D. 人员推销

169. 企业为取得社会、公众的了解与信赖、树立企业及产品的良好形象而进行的各种活动称为(　　)。

A. 广告　　　　B. 人员推销　　　C. 销售促进　　　D. 公共关系

170. 现在雾霾越来越严重，这促使企业在制定市场营销战略时应注重(　　)的变化。

A. 技术环境　　B. 经济环境　　C. 自然环境　　　D. 人口环境

171. 品牌分为新品牌、上升品牌、成熟品牌和衰退品牌的依据是(　　)。

A. 市场地位　　B. 生命周期　　C. 价值指向　　　D. 知名度

172. 某企业通过市场环境分析发现该企业的油漆业务市场机会低，面临的威胁低，该企业的油漆业务属于威胁—机会矩阵图中的(　　)。

A. 成熟业务　　B. 冒险业务　　C. 理想业务　　　D. 困难业务

173. 企业向市场推出新产品时，将价格定得较低，利用价廉物美迅速占领市场，取得较高市场占有率，以获得较大利润的定价策略是(　　)。

A. 温和定价策略　　　　　　　　B. 产品线定价策略

C. 撇脂定价策略　　　　　　　　D. 市场渗透定价策略

174. 将现有成功的品牌名称使用到新产品上，包括新包装、新规格和新式样等的决策是(　　)。

A. 分类家族品牌策略　　　　　　B. 品牌延伸决策

C. 家族品牌决策　　　　　　　　D. 多品牌决策

175. 某公司生产香皂和沐浴露两类产品，其中香皂又分为清香型、薄荷型、无香型，沐浴露分为美白的、滋润的、保湿的、去角质的等。该公司产品组合的长度是(   )。

A. 2　　　　　　B. 3　　　　　　C. 4　　　　　　D. 7

176. 某企业将其生产的高、中、低档服装分别定价为2198元、588元和188元，这种产品定价属于(   )。

A. 备选产品定价　　　　　　　　B. 副产品定价

C. 产品束定价　　　　　　　　　D. 产品线定价

刷进阶

177. 品牌中，"李宁""康佳"属于(   )。

A. 品牌符号　　B. 品牌字体　　　C. 品牌名称　　　D. 品牌标志

178. 某企业通过市场环境分析发现，该企业的扫描仪业务市场机会大，面临的威胁低。该企业的扫描仪业务属于威胁—机会矩阵图中的(   )。

A. 冒险业务　　B. 理想业务　　　C. 成熟业务　　　D. 困难业务

179. 家族品牌决策的备选策略不包括(   )。

A. 多品牌策略　　　　　　　　　B. 个别品牌策略

C. 分类家族品牌策略　　　　　　D. 统一品牌策略

180. 利润率和投入资本总额的比值是(   )。

A. 相对市场占有率　　　　　　　B. 绝对市场占有率

C. 投资收益率　　　　　　　　　D. 销售增长率

181. 市场营销战略规划的最后一步是(   )。

A. 确定企业任务　　　　　　　　B. 规定企业目标

C. 安排业务组合　　　　　　　　D. 制定新业务计划

182. 企业战略业务单位的评价方法中影响最大的是波士顿咨询集团法和(   )。

A. 管理人员判断法　　　　　　　B. 通用电气公司法

C. 德尔菲法　　　　　　　　　　D. 哥顿法

183. 某公司将客户细分为忠诚客户和一般客户，这种细分属于(   )。

A. 地理细分　　B. 行为细分　　　C. 人口细分　　　D. 收入细分

184. 某企业的目标市场无论是从市场或是从产品角度，都是集中于一个细分市场，只生产或经营一种标准化产品，这种目标市场模式为(   )。

A. 产品/市场集中化　　　　　　 B. 产品专业化

C. 市场专业化　　　　　　　　　D. 选择性专业化

185. 某企业的产品总投资为300万元，固定成本35万元，单位可变成本为15元，预计销售量为7万个。若采用成本加成定价法，加成率为21%，该企业的单价为(   )元。

A. 15　　　　　 B. 20　　　　　　C. 24.2　　　　　D. 29

186. 企业的各条产品线在最终使用、生产条件、分销渠道等方面的密切相关程度称为产品组合的(   )。

A. 宽度　　　　 B. 长度　　　　　C. 深度　　　　　D. 关联度

187. 下列不属于企业可选择的品牌质量管理决策的是(   )。

A. 保持品牌质量　　　　　　　　B. 逐步降低品牌质量

C. 相机调整品牌质量　　　　　　D. 提高品牌质量

188. 某国际快餐连锁公司宣布在中东开设连锁店，但并不出售猪肉汉堡，只出售牛肉汉堡、鸡肉汉堡和鱼肉汉堡。这说明该国际快餐连锁公司在环境分析中考虑了(   )。
    A. 技术环境　　　　　　　　　　B. 经济环境
    C. 社会文化环境　　　　　　　　D. 政治法律环境

189. 甲企业的产品组合为3种牙膏、7种香皂、4种纸巾、2种纸尿布和5种洗发水，甲企业的产品组合宽度为(   )。
    A. 21　　　　　B. 5　　　　　C. 7　　　　　D. 4

190. 企业在选择目标市场时，采用市场专业化模式(   )。
    A. 可以使企业集中力量，在一个子市场上，占有较高的市场化占有率，但其风险较大
    B. 既可分散风险，又可在一类顾客中树立良好形象
    C. 当所选市场具有相当的吸引力时，这一模式可以较好地分散企业的风险
    D. 可以为所有顾客提供全心全意所需要的性能不同的系列产品

第四章　分销渠道管理

扫我做试题

刷 基 础　　　　　　　　　　　　　　　　紧扣大纲·夯实基础

191. 根据利益冲突与对抗性行为的关系划分渠道冲突，同时存在对抗性行为和利益冲突的情况称为(   )。
    A. 冲突　　　B. 不冲突　　　C. 虚假冲突　　　D. 潜伏性冲突

192. 企业选用直接分销模式的根本原因在于服务产品的(   )。
    A. 同质性　　　B. 差异性　　　C. 不可分离性　　　D. 不可储存性

193. 下列选项中不属于分销渠道参与者的是(   )。
    A. 供应商　　　B. 生产者　　　C. 中间商　　　D. 消费者

194. 分销渠道管理目标是指在一定时期内通过有效的渠道管理所要达到的目标。分销渠道管理目标一般不包括(   )。
    A. 生产成本　　　B. 市场占有率　　　C. 利润额　　　D. 销售增长额

195. 下列渠道权力中属于中介性权力的是(   )。
    A. 专长权　　　B. 信息权　　　C. 认同权　　　D. 奖励权

196. (   )可分为日用品、冲动购买品和应急物品三种。
    A. 选购品　　　B. 便利品　　　C. 特殊品　　　D. 非渴求品

197. 激励渠道成员常用的办法中属于业务激励的是(   )。
    A. 交流市场信息　　　　　　　　B. 安排经销商会议
    C. 培训销售人员　　　　　　　　D. 融资支持

198. 消除渠道差距的思路不包括(   )。
    A. 消除需求方差距
    B. 消除供给方渠道差距
    C. 消除经销商渠道差距

D. 改变渠道环境和管理限制所产生的渠道差距

199. "网络分销渠道可以有效地降低分销成本，提高分销效率"体现了网络分销渠道的（　　）。

    A. 虚拟性　　　　　B. 经济性　　　　　C. 便利性　　　　　D. 市场性

200. 扁平化渠道中，分销商的作用仅表现为分销商品的（　　）。

    A. 订购平台　　　B. 结算平台　　　C. 信息流平台　　　D. 物流平台

201. 分销渠道与市场营销渠道不同是分销渠道的成员不包括（　　）。

    A. 生产者　　　　B. 中间商　　　　C. 最终消费者　　　D. 辅助商

202. 下列渠道扁平化的原因中网络信息技术的影响不包括（　　）。

    A. 在网络技术下，扁平化渠道结构的总成本具有相对意义上的经济性

    B. 网络技术的迅速发展还给企业带来许多新的营销运作模式

    C. 网络技术加快了人们对新鲜渠道信息的了解速度

    D. 网络信息技术极大地改变了人们获取信息、传递信息的方式

刷　进　阶

203. 目前最常见、最普遍的扁平化模式是（　　）。

    A. 直接渠道　　　　　　　　　　B. 有一层中间商的扁平化渠道

    C. 有两层中间商的扁平化渠道　　D. 有三层中间商的扁平化渠道

204. 服务质量差距模型的核心是（　　）。

    A. 质量感知差距　　　　　　　　B. 感知服务差距

    C. 质量标准差距　　　　　　　　D. 市场沟通差距

205. 根据服务质量差距模型，质量差距是由质量管理前后不一致造成的。其中最主要的、需要其他四种差距来弥合的差距是（　　）差距。

    A. 市场沟通　　　B. 感知服务　　　C. 质量标准　　　D. 服务传递

206. （　　）模式具有受交通因素影响大，设立过程容易出现销售盲区，管理成本高的缺点。

    A. 厂家直供　　　B. 多家经销　　　C. 独家经销　　　D. 平台式销售

207. 分销渠道能否实现"扁平化"目标，关键在于（　　）。

    A. 商流物流是否通畅　　　　　　B. 渠道中中间商力量强弱

    C. 销售链渠道的终端是否成熟　　D. 电子商务发展水平的高低

208. 按渠道成员的层级关系划分，冲突类型不包括（　　）。

    A. 虚假冲突　　　B. 水平冲突　　　C. 垂直冲突　　　D. 多渠道冲突

209. 下列商品中属于非渴求品的是（　　）。

    A. 美容美发产品　　　　　　　　B. 特殊品牌的服装

    C. 新上市的新功能电子产品　　　D. 应急药品

210. 下列渠道盈利能力指标中，从投资者角度评价渠道效益的是（　　）。

    A. 渠道销售增长率　　　　　　　B. 渠道销售利润率

    C. 渠道费用利润率　　　　　　　D. 资产利润率

211. 当出现激励不足的情况时，商品流通企业的（　　）。

    A. 销售量提高，利润提高　　　　B. 销售量提高，利润减少

C. 销售量下降，利润提高　　　　　　　D. 销售量下降，利润减少

212. 下列不属于目录服务商的是(　　)。

    A. 综合性目录服务商　　　　　　　　B. 政府性目录服务商

    C. 商业性目录服务商　　　　　　　　D. 专业性目录服务商

第五章　生产管理

扫我做试题

刷 基 础

213. 适合成批轮番生产类型企业编制生产作业计划的方法是(　　)。

    A. 在制品定额法　　　　　　　　　　B. 累计编号法

    C. 生产周期法　　　　　　　　　　　D. 准时制法

214. 某企业成批轮番生产产品，产品的生产间隔期为 15 天，平均日产量为 5 台，该产品的生产批量是(　　)台。

    A. 3　　　　　　　B. 5　　　　　　　C. 15　　　　　　　D. 75

215. 关于 ABC 分类法，下列表述错误的是(　　)。

    A. ABC 分类法又称帕雷托法

    B. 库存物资品种累计占全部品种 5%～10%，而资金累计占全部资金总额 70% 左右的物资定为 A 类物资

    C. 库存物资品种累计占全部品种和资金累计占全部资金总额均为 20% 左右的物资定为 B 类物资

    D. 库存物资品种累计占全部品种 70%，而资金累计占全部资金总额 15% 以下的物资定为 C 类物资

216. 生产进度控制的首要环节是(　　)。

    A. 投入进度控制　　　　　　　　　　B. 工序进度控制

    C. 出产进度控制　　　　　　　　　　D. 销售进度控制

217. 在物料需求计划(MRP)中，反映产品的组成结构层次及每一层次下组成部分本身的需求量的是(　　)。

    A. 主生产计划　　　　　　　　　　　B. 生产调度计划表

    C. 物料清单　　　　　　　　　　　　D. 甘特图

218. 准时化(JIT)的基本思想是(　　)。

    A. 一种彻底追求生产过程合理性、高效性和灵活性的生产管理技术

    B. 一个拉动式的生产系统

    C. 追求一种无库存的生产系统，或使库存达到最小的生产系统

    D. 只在必要的时刻，生产必要的数量的必要产品

219. 废品率和成品返修率属于生产计划指标中的(　　)指标。

    A. 产品产值指标　　　　　　　　　　B. 产品品种指标

    C. 产品产量指标　　　　　　　　　　D. 产品质量指标

220. 企业的某设备组只生产一种产品，设备组有机器10台，每台机器一个工作日的有效工作时间是15小时，每台机器每小时生产20件产品，则该设备组一个工作日的生产能力是（　　）件。

  A. 2 000　　　　　B. 2 200　　　　　C. 2 500　　　　　D. 3 000

221. 下列生产控制方式中，具有反馈控制特点的是（　　）。

  A. 事前控制方式　　　　　　　　B. 事中控制方式

  C. 事后控制方式　　　　　　　　D. 串行控制方式

222. MRP系统中主生产计划是由销售预测、客户订单和（　　）所决定。

  A. 库存量　　　B. 物料清单　　　C. 备件需求　　　D. 生产周期

223. 在成批轮番生产类型中，一批产品或零件从投入到产出的时间间隔称为（　　）。

  A. 节拍　　　B. 生产间隔期　　　C. 生产提前期　　　D. 生产周期

224. 下列生产控制方式中，能够"实时"控制，从而确保生产活动沿着当期计划目标展开，且控制的重点是当前生产过程的是（　　）。

  A. 事中控制方式　　　　　　　　B. 事后控制方式

  C. 事前控制方式　　　　　　　　D. 全员控制方式

225. 企业分析生产进度滞后的原因，并优化生产组织以保证生产目标实现，这些活动属于（　　）。

  A. 生产计划制定　　　　　　　　B. 生产控制

  C. 生产调度　　　　　　　　　　D. 生产能力核算

226. 某生产企业的流水线有效工作时间为每日10小时，流水线节拍为12分钟，该企业流水线每日的生产能力是（　　）件。

  A. 25　　　　　　B. 120　　　　　C. 100　　　　　D. 50

227. 下列生产控制指标中，实际值小于目标值即为达标的是（　　）。

  A. 利润　　　B. 成本　　　C. 劳动生产率　　　D. 产量

228. 下列生产类型企业中，适合采用生产周期法编制生产作业计划的是（　　）。

  A. 大量生产企业　　　　　　　　B. 大批生产企业

  C. 中批生产企业　　　　　　　　D. 单件生产企业

229. 下列库存控制的基本方法中，（　　）是连续不断地监视库存余量的变化，当库存量达到某一预定数值时，即向供货商发出固定批量的订货请求，经过一定时间后货物到达，补充库存。

  A. 定量控制法　　　　　　　　　B. 定期控制法

  C. 订货间隔期法　　　　　　　　D. ABC分类法

230. 由于库存不足带来的缺货损失属于（　　）。

  A. 仓储成本　　　B. 订货成本　　　C. 机会成本　　　D. 存储成本

231. 新企业在搞基本建设时，所依据的企业生产能力是（　　）。

  A. 查定生产能力　　　　　　　　B. 计划生产能力

  C. 设计生产能力　　　　　　　　D. 现实生产能力

232. 影响企业生产能力的因素不包括（　　）。

  A. 固定资产的数量　　　　　　　B. 品牌的价值

  C. 固定资产的工作时间　　　　　D. 固定资产的生产效率

233. 生产调度工作的基本原则是生产调度工作(   )。

    A. 必须以生产进度计划为依据   B. 要从实际出发，贯彻群众路线

    C. 必须高度集中和统一   D. 要以预防为主

234. 企业资源计划是指建立在(   )基础上，以系统化的管理思想，实现资源合理配置、满足市场需求，为企业决策层和员工提供决策运行手段的管理平台。

    A. 信息技术   B. 货币信息   C. MRP   D. DRP

235. 下列企业生产计划中，属于执行性计划的是(   )。

    A. 企业的 1 周生产计划   B. 企业长期生产运营计划

    C. 企业的 3 年发展计划   D. 企业的 10 年发展计划

236. 成批轮番生产企业中，相邻两批相同产品或零件投入的时间间隔或出产的时间间隔称为(   )。

    A. 生产周期   B. 生产间隔期

    C. 生产提前期   D. 在制品定额

237. 下列生产控制方法中，属于前馈控制的是(   )。

    A. 事后控制方式   B. 事前控制方式

    C. 事中控制方式   D. 直接控制方式

238. 某企业运用提前期法来确定各车间的生产任务。装配车间(最后车间)10 月份应生产到 1 500 号，产品的平均日产量为 12 台，该产品在机械加工车间的出产提前期为 50 天，则机械加工车间 10 月份出产的累计号是(   )。

    A. 600 号   B. 900 号   C. 2 100 号   D. 1 800 号

239. 某企业每隔一个固定的间隔周期去订货，订货量由当时库存情况确定，以达到目标库存量为限度，该企业采用的库存控制方法是(   )。

    A. 定量控制法   B. 定期控制法   C. 订货点法   D. ABC 分析法

240. 丰田精益生产方式最基本的理念是(   )。

    A. 以人为本   B. 从需求出发，杜绝浪费

    C. 更短的生产周期   D. 零缺陷

241. 某工厂车间生产单一的某产品，车间共有车床 50 台，三班制，每班工作 5 小时，全年制度工作日为 300 天，设备计划修理时间占制度工作时间的 20%，单件产品时间定额为 1.5 小时，那么该设备组的年生产能力是(   )件。

    A. 120 000   B. 60 000   C. 80 000   D. 40 000

242. 计算工业增加值的依据是(   )。

    A. 员工最终成果   B. 企业最终成果

    C. 社会最终成果   D. 消费者最终消费量

243. 准时化(JIT)本质上是一个(   )生产系统。

    A. 推动式   B. 拉动式   C. 反馈式   D. 自由式

244. 作为生产企业的一种期量标准，节拍适用于(   )生产类型的企业。

    A. 单件   B. 小批量   C. 成批轮番   D. 大批大量

245. 下列控制活动中，不属于广义生产控制内容的是(   )。

    A. 库存控制   B. 质量控制   C. 成本控制   D. 客户关系控制

246. 丰田精益生产方式的核心是(   )。

A. "自动化生产"   B. "准时化生产"

C. "标准化生产"   D. "全员化生产"

247. 丰田精益生产方式质量保证的重要手段是（   ）。

A. 标准化   B. 自动化   C. 全面化   D. 专业化

248. 在一定技术组织条件下，各生产环节为了保证数量上的衔接所必需的、最低限度的在制品储备量称为（   ）。

A. 在制品定额   B. 节拍   C. 生产间隔期   D. 批量

249. 下列各项中，（   ）是企业年度经营计划的核心，也是确定企业生产水平的纲领性计划。

A. 中长期生产计划   B. 生产作业计划

C. 年度生产计划   D. 执行性计划

250. 丰田公司的"自我全数检验"是建立在生产过程中（   ）的基础之上的。

A. 准时化   B. 标准化   C. 自动化   D. 全面化

251. 下列丰田精益生产方式的思想和手段中，（   ）是丰田公司强大生命力的源泉，也是丰田精益生产方式的坚固基石。

A. 多技能作业员   B. 全员参与的现场改善活动

C. 全面质量管理   D. 自动化和标准化

252. 生产间隔期是（   ）类型企业编制生产作业计划的重要依据。

A. 大批量流水线生产   B. 成批轮番生产

C. 单件生产   D. 大量生产

253. 丰田公司的标准化作业不包括（   ）。

A. 标准周期时间   B. 标准作业顺序

C. 标准在制品存量   D. 标准员工制度

254. 某企业将权威机构制定的标准作为自己控制的标准。该企业制定标准的方法是（   ）。

A. 类比法   B. 分解法   C. 标准化法   D. 定额法

255. 企业资源计划中，实现生产运转的重要条件和保证是（   ）。

A. 物流管理模块   B. 人力资源管理模块

C. 财务管理模块   D. 生产控制模块

256. 组织执行生产进度计划的工作，对生产计划的监督、检查和控制，发现偏差及时调整的过程是（   ）。

A. 生产调度   B. 在制品控制

C. 生产进度控制   D. 生产控制

257. 贯穿丰田精益生产方式的两大支柱是（   ）。

A. 标准化和专业化   B. 多样化和制度化

C. 自动化和准时化   D. 结构化和形式化

258. 在编制企业年度、季度计划时，以（   ）为依据。

A. 计划生产能力   B. 查定生产能力

C. 设计生产能力   D. 预期生产能力

259. 库存控制落实到库存管理上就是降低（   ）。

A. 仓储成本   B. 订货成本

C. 库存管理成本   D. 机会成本

260. 关于库存控制方法的说法,正确的是( )。

A. 定量控制法要求企业随机向供货商发出固定批量的订货请求

B. 定量控制法要求企业在库存量达到某一预定数值(订货点)时,即向供货商发出不固定批量的订货请求

C. 定期控制法要求企业每隔一个固定的间隔周期向供货商发出不固定批量的订货请求

D. 定期控制法要求企业每隔一个固定的间隔周期向供货商发出固定批量的订货请求

261. 每次订购物料所需的联系、谈判、运输、检验等费用属于( )。

A. 订货成本   B. 沉没成本   C. 仓储成本   D. 机会成本

262. 生产型企业在进行生产能力核算时,应首先计算( )的生产能力。

A. 设备组   B. 工段   C. 车间   D. 企业

刷 进 阶   高频进阶·强化提升

263. 降低在途库存的主要策略是( )。

A. 缩短生产、配送周期

B. 减少库存批量

C. 尽量使生产和需求相吻合

D. 使订货时间、订货量接近需求时间和需求量

264. 企业生产调度的依据是( )。

A. 销售计划   B. 生产进度计划

C. 产品研发计划   D. 产品产出计划

265. 以下属于精益思想基本原则的是( )。

A. 正确定义价值   B. 追求最大销量

C. 联动   D. 稳定

266. 1977 年 9 月,美国著名生产管理专家奥列弗·怀特首次提出将( )纳入 MRP 的方式,冠以"制造资源计划"的名称。

A. 物料清单   B. 产品出产计划

C. 货币信息   D. 库存处理信息

267. 按产品品种系列平衡法来确定的生产计划指标是( )。

A. 产品品种指标   B. 产品质量指标

C. 产品产量指标   D. 产品产值指标

268. 不仅应用于生产企业,也可应用于从事非生产企业、公益事业企业的现代生产管理与控制的方法是( )。

A. MRP   B. MRP Ⅱ   C. ERP   D. DRP

269. 下列生产类型企业中适合采用在制品定额法编制生产作业计划的是( )。

A. 单件生产类型   B. 企业小批生产类型

C. 企业中批生产类型   D. 企业大量生产类型企业

270. 反映企业现实生产能力的是( )。

A. 查定生产能力   B. 计划生产能力

C. 设计生产能力　　　　　　　　D. 审核生产能力

271. 通过获取作业现场信息，实时地进行作业核算，并把结果与作业计划有关指标进行对比分析，及时提出控制措施。这种生产控制方式是（　　）。

A. 事前控制　　B. 事中控制　　　C. 事后控制　　　D. 全员控制

272. 库存物料由于变质所造成的损失属于（　　）。

A. 订货成本　　B. 沉没成本　　　C. 仓储成本　　　D. 机会成本

273. 下列零部件和产品中，不属于在制品的是（　　）。

A. 半成品　　　　　　　　　　　B. 办完入库手续的成品

C. 毛坯　　　　　　　　　　　　D. 入库前成品

274. 生产控制的首要步骤是（　　）。

A. 形成反馈报告　　　　　　　　B. 检验实际执行情况

C. 确定控制的标准　　　　　　　D. 执行修正方案

275. 将本期生产结果与期初所制订的计划相比较，找出差距，提出措施，在下一期的生产活动中实施控制的一种方式称为（　　）。

A. 事后控制　　　　　　　　　　B. 360 度控制

C. 事前控制　　　　　　　　　　D. 事中控制

276. 某企业生产甲、乙、丙、丁四种产品，各种产品在铣床组的台时定额分别为 60 台时、70 台时、80 台时、150 台时；计划甲、乙、丙、丁四种产品年产量为 170 台、220 台、300 台、80 台。如果该企业采用代表产品法计算生产能力，这四种产品中的代表产品是（　　）。

A. 甲　　　　　B. 乙　　　　　　C. 丙　　　　　　D. 丁

277. 生产计划指标中，反映一定时期内工业生产总规模和总水平的指标是（　　）。

A. 工业销售值　　B. 工业增加值　　C. 工业商品产值　　D. 工业总产值

278. 某车间单一生产某产品，单位面积有效工作时间为每日 8 小时，车间生产面积 2 000 平方米，每件产品占用生产面积 3 平方米，每生产一件产品占用时间为 1.5 小时，则该车间的生产能力是（　　）件。

A. 3 556　　　　B. 5 333　　　　C. 8 000　　　　D. 32 000

279. 综合反映生产系统内部各种资源能力，直接关系着能否满足市场需要的能力是（　　）。

A. 技术能力　　B. 管理能力　　　C. 财务能力　　　D. 生产能力

第六章　物流管理

扫我做试题

刷 基础　　　　　　　　　　　　　　　　　　　　　　　　紧扣大纲·夯实基础

280. 下列不属于物流管理目标的是（　　）。

A. 快速反应　　B. 最大变异　　　C. 最低库存　　　D. 整合运输与配送

281. 大量无包装散粮的最佳库存方式是（　　）。

A. 货架堆放　　　B. 散堆　　　　C. 成组堆放　　　　D. 垛堆

282. 通过采购不仅可以利用供应商的专业技术优势缩短产品开发时间，节省产品开发费用及产品制造成本，还可以更好地满足产品功能性的需要，提高产品在整个市场上的竞争力。这说明企业采购具有(　　)的功能。

　　A. 生产成本控制　　　　　　　　B. 生产供应控制

　　C. 产品质量控制　　　　　　　　D. 促进产品开发

283. 以最终用户的需求为生产起点，强调物流平衡，追求零库存，可以真正做到"按需生产"的生产模式的是(　　)。

　　A. 单一品种大批量生产模式　　　B. 多品种大批量生产模式

　　C. 作坊式手工生产模式　　　　　D. 拉动式精益生产模式

284. 某塑料制品企业一种原材料的年需求量为 120 000 吨，单价为 1 万元/吨，单次订货费用为 4 万元，每吨年保管费率为 6%，则该种原材料的经济订货批量为(　　)吨。

　　A. 2 000　　　B. 3 000　　　C. 4 000　　　　D. 5 000

285. 根据我国国家标准《物流术语》，关于物流的说法，错误的是(　　)。

　　A. 物流是一个物品的虚拟流动过程　　B. 物流在流通过程中创造价值

　　C. 满足顾客及社会性需求　　　　　　D. 物流的本质是服务

286. 问题得到解决的顾客的数量与出现投诉的顾客的总数之比，反映的是(　　)指标。

　　A. 客户的投诉率　　　　　　　　B. 问题的处理率

　　C. 货物到达客户手中的及时率　　D. 货物发送的正确率

287. 企业采购部门接到采购申请后的下一步工作是(　　)。

　　A. 与供应商进行采购谈判　　　　B. 选择供应商

　　C. 与供应商签订采购合同　　　　D. 确定采购价格

288. 下列不属于企业销售物流组织内容的是(　　)。

　　A. 产成品包装　　B. 流通加工　　C. 产成品储存　　　　D. 订单管理

289. 多品种小批量型生产物流的特征之一是(　　)。

　　A. 生产重复程度极高　　　　　　B. 生产过程组织一般采用混流生产

　　C. 物料的消耗定额可以准确制定　D. 外部物流的协调比较容易

290. 库存按其经济用途可以分为(　　)。

　　A. 商品库存、制造业库存和其他库存

　　B. 原材料库存、零部件库存、半成品库存和成品库存

　　C. 经常库存、安全库存、生产加工和运输过程的库存和季节性库存

　　D. 库存存货、在途库存、委托加工库存和委托代销库存

291. 下列关于企业采购管理原则的表述错误的是(　　)。

　　A. 采购量越大，价格越便宜，因此采购越多越好

　　B. 从采购的立场看，通常是要求"最适"的品质，而不是"最好"的品质

　　C. 企业采购管理要遵循适时原则

　　D. 从降低产销成本的目的来看，适当的价格应是最好的选择

292. 企业销售物流的(　　)可视为生产物流系统的终点，销售物流系统的起点。

　　A. 运输　　　B. 包装　　　C. 储存　　　　D. 配送

293. 在企业销售物流的效率评价指标中，经济效率指的是(　　)的比值。

A. 销售物流实现利税与销售物流占用资金

B. 迅速及时完成销售物流量与销售物流总完成量

C. 耗损量与销售物流总完成量

D. 准确无误完成销售物流量与销售物流总完成量

294. 关于产品配送，下列说法错误的是( )。

A. 配送是在经济合理区域范围内，根据客户的要求，对物品进行拣选、加工、包装、分割、组配等作业

B. 销售物流的主要职能是将货物进行短暂储存并进行处理配送

C. "四就"配送，即就厂、就港(站)、就车(船)、就库直接配送

D. 销售物流的配送流程通常分为一般配送流程和特殊配送流程

295. 产品由许多零部件构成，各个零部件的加工过程彼此独立，制成的零部件通过各个部件装配和总装最后形成产品，这种企业生产物流类型称为( )。

A. 连续型生产物流   B. 离散型生产物流

C. 工厂间物流   D. 工序间物流

296. 将企业生产物流划分为大量生产、单件生产和成批生产三种类型的依据是( )。

A. 生产专业化的程度   B. 工艺过程的特点

C. 生产方式   D. 物料流经的区域

297. 关于单一品种大批量型生产物流特征的说法，错误的是( )。

A. 生产过程对物料容易控制

B. 生产过程中采购物流容易控制

C. 生产过程中只能粗略估计物料消耗的定额

D. 生产重复程度高，容易制订相关的物料需求计划

298. 快递公司可以通过仓库实现对包裹的分拣、配送、捆包和信息处理等，这主要体现了仓储管理的( )功能。

A. 价格调节   B. 供需调节

C. 货物运输能力调节   D. 配送与流通加工

299. 下列关于数量折扣下的经济订货批量的表述错误的是( )。

A. 如果客户购买的货物数量较大，供应商会提供较低的价格，即数量折扣

B. 数量折扣下，价格的降低通常是连续变化的

C. 如果有数量折扣就要权衡价格、费用等方面的因素，看是否能使企业真的降低成本

D. 存在数量折扣的情况下，客户的目标是追求总成本最小的订货量

300. 下列选项中，不属于建立销售物流综合绩效考评体系原则的是( )。

A. 最大化原则   B. 整体性原则   C. 经济性原则   D. 可比性原则

301. 企业采购管理的原则不包括( )。

A. 适当的数量   B. 适当的人员   C. 适当的时间   D. 适当的价格

302. 下列关于企业销售物流管理的表述错误的是( )。

A. 对企业销售物流管理效果的评价可以从效率、成本、综合绩效等方面进行

B. 企业销售物流是把商品送到客户手中的最后一个环节

C. 销售物流成本既可以进行局部控制，也可以进行综合控制

D. 在考核企业销售物流绩效时，不必考虑考评过程中的成本收益

303. 粮食的生产具有季节性，但是消费是连续不断的，通过仓储可以把生产和消费协调平衡起来，这体现了仓储管理的(   )功能。
    A. 供需调节
    B. 价格调节
    C. 货物运输能力调节
    D. 配送与流通加工

304. 为了防止由于不确定因素而准备的缓冲库存称为(   )。
    A. 经常库存
    B. 生产加工和运输过程的库存
    C. 季节性库存
    D. 安全库存

305. 下列物流活动中，属于生产的外延流通加工活动的是(   )。
    A. 袋装   B. 分类   C. 配货   D. 组装

306. 企业供应物流管理中，组织到厂物流的主要工作是(   )。
    A. 采购   B. 供应   C. 运输   D. 销售

307. 下列指标中，属于反映客户满意程度指标的是(   )。
    A. 迅速物流及时率
    B. 准确完成物流率
    C. 经济效率
    D. 客户的投诉率

308. 在物流系统中起缓冲、调节和平衡作用的物流功能是(   )。
    A. 运输   B. 仓储   C. 装卸搬运   D. 流通加工

309. 企业在生产过程中，要有效控制物料损失，防止人员或设备的意外事故。这体现了企业生产物流管理的(   )目标。
    A. 效率性   B. 经济性   C. 系统性   D. 适应性

310. 下列关于不同生产模式下企业生产物流管理的表述，错误的是(   )。
    A. 大批量生产模式下，企业生产物流的管理建立在科学管理的基础之上
    B. 作坊式手工生产模式下，个人的经验智慧和技术水平决定了企业生产物流管理的水平
    C. 在拉动式模式下，物流和信息流是完全分离的
    D. 多品种小批量生产模式下，企业生产物流管理的模式有推进式和拉动式

311. 仓储管理可以调节和衔接运量相差很大、运输能力很不匹配的运输工具，这体现了仓储管理的(   )功能。
    A. 价格调节
    B. 供需调节
    C. 货物运输能力调节
    D. 配送与流通加工

312. 关于企业库存与库存管理的说法，错误的是(   )。
    A. 企业库存管理应采取适当措施节约管理费用
    B. 在途库存是指在运输途中的库存
    C. 库存是指存储作为今后按预定目的使用而处于生产状态的物品
    D. 企业库存管理有利于企业的资金周转

313. 将库存分为库存存货、在途库存、委托加工库存和委托代销库存的依据是(   )。
    A. 经济用途
    B. 生产过程中的阶段
    C. 库存目的
    D. 存放地点

314. 产品空间位移(包括静止)过程中所有消耗的货币表现为(   )。
    A. 企业生产物流成本
    B. 物流成本率
    C. 企业销售物流成本
    D. 仓库成本率

315. 下列物品中，属于包装用辅助材料的是(　　)。
    A. 纸板　　　　　B. 塑料袋　　　　　C. 打包带　　　　　D. 铁桶

316. 当产品处于生命周期的(　　)阶段时，产品销售量剧增，物流活动的重点转变为服务和成本的平衡。
    A. 介绍期　　　　B. 成长期　　　　　C. 成熟期　　　　　D. 衰退期

317. 下列不属于项目型生产物流特征的是(　　)。
    A. 外部物流较容易控制
    B. 生产过程原材料、在制品占用的物流量大
    C. 物流在加工场地的方向不确定、加工路线变化极大
    D. 物料需求与具体产品存在一一对应的相关需求

318. 生产企业采购管理最基本的目标是(　　)。
    A. 降低存货投资和存货损失　　　　B. 为企业提供所需要的物料和服务
    C. 发现和发展有竞争力的供货商　　D. 改善企业内部与外部的工作关系

319. 关于精益生产模式下拉动式企业生产物流管理模式特点的说法，正确的是(　　)。
    A. 在生产物流计划编制和控制上，围绕物料转化组织制造资源
    B. 在生产物流的组织上，以物料为中心，强调严格执行计划，维持一定的在制品库存
    C. 将生产中的一切库存视为"浪费"，认为库存掩盖了生产系统中的缺陷
    D. 在管理手段上，大量运用计算机系统

320. 下列措施中，能够降低企业销售物流运输成本的是(　　)。
    A. 减少库存点　　　　　　　　　B. 减少装卸次数
    C. 设定最低订货量　　　　　　　D. 包装简易化

321. 从企业方面来看，销售物流的第一个环节应该是(　　)。
    A. 订单管理　　　B. 产品流通加工　　C. 产品储存　　　D. 产品配送

322. 木材、钢材等长、大件货物的最佳库存方式是(　　)。
    A. 货架堆放　　　B. 垛堆　　　　　　C. 成组堆放　　　D. 散装

323. 将企业生产物流划分为工厂间物流和工序间物流类型的依据是(　　)。
    A. 生产专业化的程度　　　　　　B. 工艺过程的特点
    C. 生产方式　　　　　　　　　　D. 物料流经的区域

324. 将库存分为经常库存、安全库存、生产加工和运输过程库存及季节性库存的依据是(　　)。
    A. 库存的目的　　　　　　　　　B. 库存的经济用途
    C. 库存的周转周期　　　　　　　D. 库存存放的地点

325. 将货物按订单要求从流通据点运送到收货人的物流活动称为(　　)。
    A. 分销　　　　　B. 包装　　　　　　C. 配送　　　　　D. 分流

326. 某种新材料的年需求量为 4 000 吨，单价为 16 000 元/吨，单次订货费用为 800 元，每吨年保管费率为 1%，该种原材料的经济订货批量为(　　)吨。
    A. 150　　　　　B. 200　　　　　　C. 250　　　　　　D. 300

327. 下列物流管理目标中，关系到一个企业能否及时满足顾客的服务需求能力的是(　　)。
    A. 快速反应　　　B. 最小变异　　　　C. 最低库存　　　D. 物流质量

328. 企业物流活动的起始阶段是(　　)管理。

A. 企业采购物流　　　　　　　B. 企业供应物流

C. 企业生产物流　　　　　　　D. 企业销售物流

329. 某医院应将采购来的药品以(　　)的方式进行保管。

    A. 散堆　　　　B. 货架堆放　　　　C. 成组堆放　　　　D. 垛堆

330. 关于企业采购管理的说法,正确的是(　　)。

    A. 企业采购管理不包含设备维护等服务的采购

    B. 企业采购管理是将物料转换为产成品的过程

    C. 企业采购管理的基本作用是将资源从供应商转移到用户

    D. 企业采购管理不属于企业经济活动

刷 进 阶 ·· 高频进阶·强化提升

331. 关于单件小批量型生产物流特征的说法错误的是(　　)。

    A. 生产重复程度低

    B. 物料的消耗只能粗略估计

    C. 采购物流容易控制

    D. 物料需求与具体产品的制造存在一一对应的相关需求

332. 能够实现产品从生产地到用户的时间和空间转移的企业物流活动是(　　)。

    A. 加工包装　　　B. 生产物流　　　　C. 仓储管理　　　　D. 销售物流

333. 仓储管理使船舶运输的大批货物在港口由汽车和火车分批、分期转运至内陆,这体现了仓储管理的(　　)功能。

    A. 供需调节　　　　　　　　　B. 价格调节

    C. 配送与流通加工　　　　　　D. 货物运输能力调节

334. 关于企业库存管理的说法,错误的是(　　)。

    A. 企业库存管理有助于有效地开展仓库管理工作

    B. 企业库存管理有利于进行运输管理

    C. 企业库存管理不利于资金周转

    D. 库存管理的使命就是保证物料的质量,尽力满足用户的需求,采取适当措施,节约管理费用,以便降低成本

335. 下列关于销售物流成本管理的原则,说法错误的是(　　)。

    A. 从流通全过程角度,要考虑从产品制成到最终用户整个供应链的物流成本

    B. 从物流外包的角度,物流外包一定程度可以减少管理成本和管理风险,同时降低投资成本

    C. 从营销策略的角度,在考虑用户的产业特点和运送商品的特性的基础上,与客户充分沟通协调,共同降低物流成本

    D. 从信息系统的角度,通过高效的信息系统,使配送计划和生产计划、订货计划联系起来,有效地提高车辆的装载率和周转率,从而降低配送成本

336. 小百货、小五金、绸缎适用的堆码方式是(　　)。

    A. 散堆　　　　B. 货架　　　　　C. 成组　　　　　D. 垛堆

337. 根据物料在生产工艺过程中的流动特点企业生产物流可以分为(　　)。

    A. 工厂间物流和工序间物流　　　B. 单件生产物流和成批生产物流

C. 连续型生产物流和离散型生产物流　　D. 大量生产物流和单件生产物流

338. 实现企业经济利益最大化的基本利润源泉是( )。

A. 成本控制　　B. 科学采购　　C. 产品质量　　D. 生产供应

339. 控制原材料及零部件的采购价格是企业生产过程中的重要环节。这说明企业采购具有( )功能。

A. 生产成本控制　　　　　　　　B. 生产供应控制

C. 产品质量控制　　　　　　　　D. 促进产品开发

340. 在货物入库的业务程序中，编制仓储计划，安排仓容，确定堆放位置等工作属于( )环节。

A. 货物入库前的准备　　　　　　B. 接运

C. 验收　　　　　　　　　　　　D. 入库

341. 假设企业某种材料的年需求量为 4 000 吨，单价为 10 000 元/吨，单次订货费用为 400 元，每吨年保管费率为 0.8%，则该种原材料的经济订货批量为( )吨。

A. 200　　　　B. 150　　　　C. 250　　　　D. 190

342. 某企业定期检查库存货物数量的溢余或缺少的原因，以利于改进货物的仓储管理，这属于仓储中货物( )的内容。

A. 检查　　　B. 盘点　　　C. 验收　　　D. 复核

343. 仓储企业是以储存业务为主要盈利手段的企业，其主要的物流功能是( )。

A. 服务　　　B. 运输　　　C. 接运　　　D. 储存保管

344. 对按照生产工艺过程的特点划分的企业生产物流的表述错误的是( )。

A. 离散型生产物流是指物料离散地运动，最后形成产品

B. 连续型管理的重点是保证物料的连续供应和各生产环节的正常运行

C. 汽车、计算机的生产属于连续型生产

D. 离散型管理的重点是保证物料的及时供应，尽量减少在制品库存，减少工序间不必要的等待时间，缩短生产周期

345. 下列不属于企业采购管理特征的是( )。

A. 企业采购管理是从资源市场获取资源的过程

B. 企业采购管理是信息流、商流和物流相结合的过程

C. 企业采购管理是一种经济活动

D. 促进产品开发

346. 关于精益生产模式下推进式企业生产物流管理模式特点的说法，正确的是( )。

A. 在生产物流计划编制和控制上，围绕物料转化组织制造资源

B. 以最终用户的需求为生产起点，拉动生产系统各生产环节对生产物料的需求

C. 将生产中的一切库存视为"浪费"，并认为库存掩盖了生产系统中的缺陷

D. 在生产的组织上，由看板传递后道工序对前道工序的需求信息

347. 关于产品在不同生命周期阶段，企业在物流方面的对策，下列说法正确的是( )。

A. 在成长阶段需要高水准的物流活动和灵活性

B. 在成熟阶段重点会转移到服务与成本的合理化上

C. 在衰退阶段物流活动会变得具有高度的选择性

D. 在介绍阶段需要对物流活动进行重新定位

第七章 技术创新管理

扫 我 做 试 题

348. 在技术原理没有重大变化的情况下,基于市场需要对现有产品所做的功能上的扩展和技术上的改进,这属于技术创新中的(　　)。
   A. 重大的产品创新　　　　　　　　B. 渐进的产品创新
   C. 重大工艺创新　　　　　　　　　D. 渐进工艺创新

349. 下列关于各种技术创新战略的表述错误的是(　　)。
   A. 自主创新战略要求企业具有较强的研发能力和一定的投资能力
   B. 模仿创新战略在技术方面只能被动适应,技术积累方面难以进行长远规划
   C. 合作创新战略一般集中在新兴技术和高新技术产业
   D. 模仿创新战略能够分摊创新成本,分担创新风险

350. 为了获得某一具体领域的新知识而进行的创造性研究活动称为(　　)。
   A. 基础研究　　　B. 纯理论研究　　　C. 应用研究　　　D. 开发研究

351. 技术价值的评估方法中,(　　)在理论上表示了技术商品的价格应按照完全补偿技术生产消耗的原则来确定的原理。
   A. 成本模型　　　B. 市场模拟模型　　C. 效益模型　　　D. 效果模型

352. 我国《商标法》规定,注册商标的有效期为(　　)。
   A. 15 年　　　　　B. 20 年　　　　　C. 8 年　　　　　D. 10 年

353. "管理创新是企业整个创新体系的重要组成部分,是企业其他创新的基础。"体现了管理创新的(　　)特点。
   A. 基础性　　　　　B. 风险性　　　　　C. 全员性　　　　　D. 系统性

354. 企业家抓住市场潜在盈利机会,以获取经济利益为目的,重组生产条件和要素,不断研制推出新产品、新工艺、新技术,以获得市场认同的一个综合性过程称为(　　)。
   A. 产品创新　　　B. 工艺创新　　　C. 技术创新　　　D. 制度创新

355. 风险—收益气泡图中,具有较高的预期收益和很高的成功概率,项目的风险较小,属于比较有潜力的明星项目的是(　　)。
   A. 珍珠型　　　　　B. 牡蛎型　　　　　C. 面包和黄油型　　D. 白象型

356. 在 A-U 过程创新模式中,产品创新和工艺创新都呈现上升趋势,但产品创新明显强于工艺创新的阶段称为(　　)。
   A. 过渡阶段　　　B. 提高阶段　　　C. 不稳定阶段　　　D. 稳定阶段

357. 华为的"狼文化"主张体现了管理创新的(　　)领域。
   A. 管理理念创新　　　　　　　　　B. 管理组织创新
   C. 管理方式方法创新　　　　　　　D. 管理制度创新

358. 下列关于合作研发模式的表述,错误的是(　　)。
   A. 不利于迅速提高企业的技术能力　B. 存在冲突、技术不相容、诚信等风险

C. 商品化开发速度较快　　　　　　　　　　D. 可分散风险，并在短期内取得经济效果

359. 产学研联盟的模式中，追求"规模效益，大市场"的是(　　　)。

    A. 校内产学研合作模式　　　　　　　　　B. 双向联合体合作模式

    C. 多向联合体合作模式　　　　　　　　　D. 中介协调型合作模式

360. 无论是技术创新还是营销创新，要付诸实施，都必然受到现打的管理体系、生产组织方式的影响，并依赖新的管理体系和组织方式的建立，体现了管理创新的(　　　)。

    A. 基础性　　　　　B. 动态性　　　　　C. 全员性　　　　　D. 系统性

361. 党的十九大报告指出技术创新体系的导向是(　　　)。

    A. 政府　　　　　B. 市场　　　　　C. 企业　　　　　D. 社会

362. 下列属于技术创新决策评估方法中的定量评估方法的是(　　　)。

    A. 评分法　　　　　B. 动态排序列表　　　　　C. 轮廓图法　　　　　D. 敏感性分析

363. 企业应用矩阵法进行项目组合评估时，对处于技术组合分析图中第Ⅲ象限的项目，企业应采取的策略是(　　　)。

    A. 投资、与竞争对手竞争或者放弃投资　　B. 坐收渔人之利，不需要重点投资

    C. 重点投资　　　　　　　　　　　　　　D. 撤出，并终止进一步技术投资

364. 企业联盟的主要形式是(　　　)。

    A. 资金联盟　　　　　B. 技术联盟　　　　　C. 产品联盟　　　　　D. 价格联盟

365. 在技术创新中，内企业家区别于企业家的根本之处是(　　　)。

    A. 内企业家可自主决策

    B. 内企业家活动局限在企业内部，受多种因素制约

    C. 内企业家不需征得所在企业的认同和许可

    D. 内企业家可选择自己认为有价值的机会

366. A-U过程创新模式中，以提高质量和降低成本为目标的渐进性的工艺创新为重点的阶段是(　　　)。

    A. 不稳定阶段　　　　　B. 过渡阶段　　　　　C. 稳定阶段　　　　　D. 衰退阶段

367. 根据我国《反不正当竞争法》，不为公众所知悉、具有商业价值并经权利人采取保密措施的技术信息和经营信息称为(　　　)。

    A. 发明　　　　　B. 专利　　　　　C. 商业秘密　　　　　D. 商标

368. 某公司2017年8月13日申请实用新型专利，2018年1月5日获得核准，该专利的有效期至(　　　)。

    A. 2032年8月12日　　　　　　　　　　B. 2028年1月4日

    C. 2037年8月12日　　　　　　　　　　D. 2038年1月4日

369. 某公司推出金属外壳手机产品替代现有塑料外壳手机产品，这种创新属于(　　　)。

    A. 原始创新　　　　　B. 集成创新　　　　　C. 产品创新　　　　　D. 工艺创新

370. 20世纪60年代以来，国际上出现了若干种具有代表性的技术创新过程模式，下图表示的是(　　　)的技术创新过程模式。

市场需求 → 应用研究 → 开发研究 → 生产制造 → 销售

    A. 需求拉动　　　　　　　　　　　　　　B. 技术推动

  C. 交互作用   D. 系统集成与网络创新

371. 采用模仿创新战略必须具备的前提有引进者拥有技术引进的能力和( )。

  A. 起步较早   B. 生产人员有过特殊培训

  C. 引进者自身拥有良好的研发能力 D. 较早建立起销售网络

372. 两个或两个以上的对等经济实体，为了共同的战略目标，通过各种协议而结成的利益共享、风险共担、要素双向或多向流动的松散型网络组织体称为( )。

  A. 产学研联盟   B. 企业—政府模式

  C. 企业联盟   D. 企业技术中心

373. 某企业拟向一家科研机构购买一项新的生产技术。经预测，该技术可再使用5年，采用该项新技术后，该企业产品价格比同类产品每件可提高50元，预计5年产品的销量分别为10万件、10万件、8万件、7万件、9万件。根据行业投资收益率，折现率定为10%，复利现值系数见下表。根据效益模型，该技术商品的价格为( )万元。

年数	1	2	3	4	5
复利现值系数	0.909	0.826	0.751	0.683	0.621

  A. 1686.4 B. 686.4   C. 1586.4   D. 1486.4

374. 世界知识产权组织界定的知识产权不包括( )。

  A. 关于集成电路布图设计的权利 B. 关于科学发现的权利

  C. 关于工业品外观设计的权利 D. 关于文学、艺术和科学作品的权利

375. 在A-U过程创新模式中，产品创新逐步减少，工艺创新呈现上升趋势并超越产品创新的阶段称为( )。

  A. 成熟阶段 B. 衰退阶段 C. 过渡阶段 D. 不稳定阶段

376. 某公司通过改进生产流程，提高了生产质量，这种对生产流程的创新属于( )。

  A. 原始创新 B. 工艺创新 C. 根本性创新 D. 产品创新

377. 根据企业所期望的技术竞争地位，企业技术创新战略可分为( )。

  A. 模仿创新战略与合作创新战略 B. 技术跟随战略与撤职战略

  C. 技术领先战略与技术跟随战略 D. 进攻型战略与游击型战略

378. 关于项目组合评估的项目地图的说法，正确的是( )。

  A. 珍珠型项目具有较高的预期收益和成功概率

  B. 牡蛎型项目具有较高的成功概率，但潜在收益较低

  C. 白象型项目具有较高的预期收益，但成功概率较低

  D. 面包和黄油型项目成功概率低，但预期收益高

379. 某企业采用动态排序列表法，对四个备选项目进行评估。评估结果见下表。

项目	IRR×PTS	NPV×PTS	战略重要性
甲	14(3)	8.6(2)	2(3)
乙	15(2)	7.8(3)	4(1)
丙	13(4)	9.1(1)	1(4)
丁	16(1)	6.5(4)	3(2)

注：IRR为预期内部收益率，PTS为技术成功的概率，NPV为预期收益净值，括号中的数值为每列指标单独排序的序号。

该企业应该应用( )。

    A. 项目甲   B. 项目乙   C. 项目丙   D. 项目丁

380. 某企业与大学研究所签订协议开发新型材料，双方分别承担相应的任务，最后对研究成果进行集成，双方共享研究成果，这种研发模式属于( )。

    A. 自主研发   B. 合作研发   C. 委托研发   D. 基础研发

381. 某企业拟投资开发一项新技术。经测算，技术开发中的物质消耗为300万元，人力资本消耗为600万元，技术复杂系数为1.5，研发失败的概率为40%，根据成本模型，研发成功后该项目技术的评估价格应为( )万元。

    A. 950   B. 1 350   C. 2 250   D. 3 375

382. 管理创新一般首先起源于( )的变革。

    A. 管理理念   B. 管理方法   C. 管理制度   D. 管理问题

383. 在A-U过程创新模式中，产品创新和工艺创新都呈现下降趋势，但工艺创新较产品创新有相对优势的阶段称为( )。

    A. 过渡阶段   B. 稳定阶段   C. 不稳定阶段   D. 衰退阶段

384. 风险-收益气泡图中，( )项目是企业根据长期技术发展战略对新兴或突破性技术的研究和开发项目，是企业长期竞争优势的源泉。

    A. 珍珠型   B. 牡蛎型

    C. 面包和黄油型   D. 白象型

385. 某企业为开发新型产品，从市场部、生产部、研发中心等部门临时抽调5人组建创新组织，这种组织属于( )。

    A. 内企业   B. 技术创新小组

    C. 新事业发展部   D. 企业技术中心

386. 在企业联盟的组织运行模式中，适用于对存在某一市场机会的产品联合开发及长远战略合作的模式是( )。

    A. 联邦模式   B. 星形模式   C. 交叉模式   D. 平行模式

387. "人们的价值观念、兴趣和行为方式，随着时间的延续处于变化之中，这就要求企业的行为必须随之做相应调整，以适应变化"这体现了管理动因的( )。

    A. 经济发展变化   B. 科学技术发展

    C. 社会文化环境变迁   D. 自然条件发展

388. 某企业为了研发某种新材料，专门招聘人员并设立了独立的固定部门进行研发，该企业设立的这种创新组织属于( )。

    A. 内企业   B. 技术创新小组

    C. 新事业发展部   D. 产学研联盟

389. 收音机发展为组合音响，这种技术创新属于( )。

    A. 重大(全新)的产品创新   B. 渐进(改进)的产品创新

    C. 重大的工艺创新   D. 渐进的工艺创新

390. 下列技术创新的过程与模式中，( )是一体化模式的理想化发展，其强调企业需要注意内、外在环境的变化，采取适当的经营策略。

    A. A-U过程创新模式   B. 国家创新体系

    C. 系统集成和网络创新模式(5IN)   D. 需求拉动模式

391. 技术价值的评估方法中，根据成本模型的基本出发点，（　　）是价格的基本决定因素。
    A. 物质消耗　　　　　　　　B. 人力消耗
    C. 技术复杂系数　　　　　　D. 成本

392. 企业技术中心一般采取的组织结构形式是（　　）。
    A. 矩阵式　　　B. 直线制　　　C. 直线职能制　　　D. 事业部制

393. 某企业拟开发一项技术，经评估，预计该技术开发的物质消耗为 300 万元、人力消耗为 500 万元，技术复杂系数为 1.4，研究开发的风险概率为 60%，根据技术价值评估的成本模型，该技术成果的价格为（　　）万元。
    A. 700　　　B. 800　　　C. 1 120　　　D. 2 800

394. （　　）是企业通过打破或调整原有的管理组织结构，并对组织内成员的责、权、利关系加以重新构建，使组织的功能得到发展，从而获得更好的效益。
    A. 管理理念创新　　　　　　B. 管理组织创新
    C. 管理方式方法创新　　　　D. 管理制度创新

395. 关于项目地图法的说法，正确的是（　　）。
    A. 白象型预期收益不高，是企业短期现金流的来源基础
    B. 面包和黄油型能够帮助企业开拓新市场，为企业带来高额利润，是企业快速发展的动力
    C. 牡蛎型是企业根据长期技术发展战略对新兴或突破性技术的研究和开发项目，是企业长期竞争优势的源泉
    D. 珍珠型消耗技术资源，不能给企业带来预期利益，应该终止或排除

396. 技术跟随战略的投资重点是（　　）。
    A. 技术开发、市场开发　　　B. 生产、销售
    C. 产品技术　　　　　　　　D. 工艺技术

397. 某企业拟购买一项植物生长技术。经过调查，4 年前技术市场已有类似技术的交易，转让价格为 20 万元，技术寿命为 10 年。经专家鉴定和研究发现，该项技术比实例交易技术效果更好，植物生长周期缩短 15%，技术市场的交易价格水平比 4 年前上升20%，技术寿命周期为 15 年。经查验专利授权书，拟购买的技术专利申请时间据评估日 2 年。实例交易技术剩余寿命为 6 年。根据市场模拟模型，该企业购买该项新技术的评估价格为（　　）万元。
    A. 35.88　　　B. 41.4　　　C. 59.89　　　D. 69

398. 企业首先确定一组评价研发项目的关键因素，根据这些因素对不同的研发项目方案进行评价（满意为 1，不满意为 0），然后根据研发项目方案的得分进行决策。这种技术创新决策的评估方法称为（　　）。
    A. 检查清单法　　　　　　　B. 轮廓图法
    C. 敏感性分析　　　　　　　D. 概率分布

399. 国家专利机关依据专利法授予申请人在法定期限内对其发明创造所享有的专有权称为（　　）。
    A. 知识产权　　　　　　　　B. 专利权
    C. 著作权　　　　　　　　　D. 商标权

400. 下列技术创新类型中，主要集中在基础科学和前沿技术领域的是（　　）。

    A. 原始创新
    B. 集成创新

    C. 引进、消化吸收再创新
    D. 渐进性创新

401. 技术创新战略中，领先战略的投资重点是（　　）。

    A. 产品技术
    B. 工艺技术

    C. 生产、销售
    D. 技术开发、市场开发

402. 技术创新的过程与模式中，（　　）最为显著的特征是它代表了创新的电子化和信息化过程，更多地使用专家系统来辅助开发工作，使用仿真技术逐步取代实物原型。

    A. 国家创新体系
    B. A-U 过程创新模式

    C. 系统集成和网络创新模式
    D. 技术推动模式

403. "企业家并不是以追求利润为唯一的目标，他们既具有一种服务于社会、造福于民众的奉献精神，又追求自我价值的实现。"这体现了企业家（　　）。

    A. 创新意识
    B. 实干精神
    C. 机会意识
    D. 奉献精神

404. 根据我国相关法律，下列知识产权中，保护期限最短的是（　　）。

    A. 作者的署名权
    B. 作品的发表权

    C. 实用新型专利权
    D. 发明专利权

405. 某企业高薪聘请顶尖专家组建研发部门专门攻克充电技术，从技术来源的角度看该企业的这种技术创新战略属于（　　）。

    A. 切入型战略
    B. 合作创新战略

    C. 技术跟随战略
    D. 自主创新战略

406. 下列关于自主研发、合作研发和委托研发的说法，错误的是（　　）。

    A. 自主研发资金负担大
    B. 合作研发有助于迅速提高企业的技术能力

    C. 委托研发不需要企业投入太多的精力
    D. 自主研发的商品化速度较快

407. 某企业大力推广"双创"，允许员工两年内离开本岗位从事自己感兴趣的创新工作，企业为员工提供资金设备等。这种技术创新的内部组织模式属于（　　）。

    A. 企业技术中心
    B. 新事业发展部

    C. 内企业
    D. 技术创新小组

408. 发展性开发属于短期创新，一般需要（　　）年时间。

    A. 5
    B. 10
    C. 2~3
    D. 8~10

409. 技术创新的类型中，最常见、最基本的创新形式是（　　）。

    A. 集成创新
    B. 引进、消化吸收再创新

    C. 根本性创新
    D. 工艺创新

410. 甲企业拟购买一项新技术。经预测，该技术可再使用 5 年。采用该项新技术后，甲企业产品价格比同类产品每件可提高 20 元，预计未来 5 年产品的年销量分别为 6 万件、6 万件、7 万件、5 万件、5 万件。根据行业投资收益率，折现率确定为 10%，复利现值系数见下表。

年数	1	2	3	4	5
复利现值系数	0.909	0.826	0.751	0.683	0.621

根据效益模型计算，该项新技术的价格为（　　）万元。

A. 396.58　　　　B. 32.62　　　　C. 443.74　　　　D. 460.26

411. 技术创新决策的定性评估方法中，（　　）是评价创新项目的一种非常简单的方法。

　　A. 评分法

　　B. 检查清单法

　　C. 轮廓图法

　　D. 动态排序列表法

412. 根据风险—收益气泡图，珍珠型技术项目的特征是（　　）。

　　A. 预期收益高、技术成功概率高

　　B. 预期收益低、技术成功概率高

　　C. 预期收益低、技术成功概率低

　　D. 预期收益高、技术成功概率低

413. 基础研究的成果一般是（　　）。

　　A. 普遍知识、原则或定律

　　B. 认识世界、改造世界的科学技术知识

　　C. 新产品

　　D. 工艺改造

414. 以下不属于自主创新战略缺点的是（　　）。

　　A. 在技术方面的高投入、高风险

　　B. 在生产方面，生产人员必须进行特殊培训，同时要承担新设备、新工艺可靠性的风险

　　C. 在市场方面必须大量投入进行市场开发，有可能经历"市场沉默期"

　　D. 低风险、低收益

415. 某企业的商标有效期至 2018 年 8 月 16 日。该企业于 2018 年 10 月 11 日办理了续展手续，国家主管部门予以注册，则该商标的有效期至（　　）。

　　A. 2028 年 10 月 10 日

　　B. 2028 年 10 月 11 日

　　C. 2028 年 8 月 15 日

　　D. 2028 年 8 月 16 日

416. 企业技术创新的内部组织模式中，（　　）是大企业为了开创全新事业而单独设立的组织形式，是独立于现有企业运行体系之外的分权组织。

　　A. 内企业家　　　B. 技术创新小组　　　C. 企业技术中心　　　D. 新事业发展部

417. 产学研联盟模式中，多向联合体合作模式中的三主体不包括（　　）。

　　A. 政府　　　　B. 高校　　　　C. 出资方　　　　D. 生产经营企业

418. （　　）管理创新的最高层次，是管理创新实现的根本保证。

　　A. 管理理念创新

　　B. 管理组织创新

　　C. 管理方式方法创新

　　D. 管理制度创新

第八章　人力资源规划与薪酬管理

扫我做试题

刷 基 础　　　　　　　　　　　　　　　　　　　　　　紧扣大纲·夯实基础

419. 企业人力资源中期规划是指时间为（　　）的规划。

　　A. 1 年或 1 年内　　B. 1~5 年　　　　C. 2~4 年　　　　D. 5 年或 5 年以上

420. 某企业现有业务主管 25 人，预计明年将有 2 人提升为部门经理，退休 2 人，辞职 2 人。此外，该企业明年将从外部招聘 5 名业务主管，从业务员中提升 2 人为业务主管。采用管理人员接续计划法预测该企业明年业务主管的供给量为（　　）人。

    A. 10　　　　　B. 13　　　　　C. 26　　　　　D. 20

421. 某企业通过统计研究发现，年销售额每增加 1 000 万元，需增加管理人员、销售人员和客服人员共计 10 名；新增人员中，管理人员、销售人员和客服人员的比例是 1∶6∶3。该企业预计 2016 年销售额比 2015 年销售额增加 2 000 万元。根据转换比率分析法，该企业 2016 年需要新增销售人员（　　）名。

    A. 5　　　　　B. 8　　　　　C. 10　　　　　D. 12

422. 下列绩效考核工作中，不属于绩效考核技术准备工作的是（　　）。

    A. 选择考核者　　　　　　　　　B. 明确考核标准

    C. 进行绩效沟通　　　　　　　　D. 确定考核方法

423. 企业制定薪酬制度的过程中，当职位评价完成后，紧接着应进行（　　）。

    A. 确定员工薪酬策略　　　　　　B. 建立健全配套制度

    C. 等级划分　　　　　　　　　　D. 工作分析

424. 在绩效考核准备阶段，需要明确绩效考核的目的和对象，确定适宜的考核内容和时间的是（　　）。

    A. 绩效考核计划　　　　　　　　B. 绩效考核技术准备工作

    C. 绩效沟通　　　　　　　　　　D. 绩效考核评价

425. 在进行薪酬设计时，强调同一企业中不同职务之间的薪酬水平应该相互协调，这体现了薪酬制度设计的（　　）原则。

    A. 量力而行　　　B. 个人公平　　　C. 内部公平　　　D. 外部公平

426. 企业的人力资源规划分为总体规划和具体计划的依据是（　　）。

    A. 规划的性质　　B. 规划的人员　　C. 规划的时间　　D. 规划的方法

427. 企业基本薪酬设计的前提是（　　）。

    A. 确定薪酬结构　　　　　　　　B. 进行工作分析

    C. 职位评价和等级划分　　　　　D. 薪酬调查和职位等级的建立

428. 某企业通过统计分析发现，本企业的销售额与所需销售人员数成正相关关系，并根据过去 10 年的统计资料建立了一元线性回归预测模型 $y=a+bx$，x 代表销售额（单位：万元），y 代表销售人员数（单位：人），回归系数 $a=15$，$b=0.04$。同时该企业预计今年销售额将达到 1 000 万元，则该企业今年需要销售人员（　　）人。

    A. 15　　　　　B. 40　　　　　C. 55　　　　　D. 68

429. 企业根据员工所承担的工作或者所具备的技能而支付给员工的比较稳定的经济收入属于（　　）。

    A. 基本薪酬　　　B. 补偿薪酬　　　C. 激励薪酬　　　D. 间接薪酬

430. 下列企业人力资源规划中，将目标定为降低非期望离职率、改善劳动关系、减少投诉和争议的是（　　）。

    A. 退休解聘计划　　　　　　　　B. 劳动关系计划

    C. 人员补充计划　　　　　　　　D. 人员使用计划

431. 企业向员工提供的薪酬应该与员工对企业的贡献相匹配，这体现了薪酬制度设计的( )。

    A. 公平原则   B. 合法原则   C. 激励原则   D. 量力而行原则

432. 某企业进行薪酬制度设计时，将各种职位划分为若干种职位类型，找出各种职位中包含的共同"付酬因素"，然后把各"付酬因素"划分为若干等级，并对每一因素及其等级予以界定和说明，接着对每一"付酬因素"指派分数以及其在该因素各等级间的分配数值，最后，利用一张转换表格将处于不同职级上的职位所得的"付酬因素"数值转换成具体的薪酬金额。该企业采用的薪酬制度设计方法是( )。

    A. 职位分类法   B. 职位等级法   C. 计点法   D. 因素比较法

433. 某企业某部门运用一一对比法对所属的 4 名员工进行绩效考核，考核情况如下表所示。

比较对象 ╲ 考核对象	张××	王××	李××	赵××
张××	0	−	−	+
王××	+	0	−	+
李××	+	+	0	+
赵××	−	−	−	0

由此可知，绩效最差的员工是( )。

    A. 张××   B. 王××   C. 李××   D. 赵××

434. 下列人力资源预测方法中，由适当数量的有经验的专家依赖自己的知识、经验和分析判断能力，对企业的人力资源需求进行判断与预测的方法是( )。

    A. 人员核查法   B. 德尔菲法

    C. 转换比率分析法   D. 一元回归分析法

435. 在绩效考核时，为每一职位的各个考核维度设计出评分量表，量表上的每个分数刻度都对应典型行为的描述性文字，供考核者在对考核对象进行评价打分时参考。这种方法称为( )。

    A. 关键事件法   B. 书面鉴定法

    C. 评级量表法   D. 行为锚定评价法

436. 下列薪酬设计方法中，适用于规模较小、职位类型较少而且员工对企业各职位都较为了解的小型企业的是( )。

    A. 职位等级法   B. 职位分类法   C. 比较因素法   D. 计点法

437. 某企业第二薪酬等级的薪酬区间中值为 4 000 元，薪酬浮动率为 15%，则该薪酬区间的最低值为( )。

    A. 600   B. 3 400   C. 4 000   D. 4 600

438. 某企业对其员工进行绩效考核时，以用描述性文字记录的员工在工作中发生的直接影响工作绩效的重大和关键性的事件和行为为依据，对考核对象的工作绩效进行评价。该企业采用的绩效考核方法是( )。

    A. 行为锚定法   B. 关键事件法   C. 评级量表法   D. 书面鉴定法

439. 下列基本薪酬设计的方法中，需要找出各类职位共同的"付酬因素"，但舍弃了代表职位相对价值的抽象分数，而直接用相应的具体薪金值来表示各职务价值的是( )。

    A. 计点法   B. 职位分类法   C. 因素比较法   D. 职位等级法

440. 通过绩效考核，管理层可以表达对员工的工作要求和绩效期望，也可以了解员工对管理层和绩效目标的看法、建议以及他们的需求。这体现了绩效考核的(   )。

    A. 管理功能   B. 增进绩效功能

    C. 沟通功能   D. 学习和导向功能

441. 下列方法中，简便易行且主要适用于短期预测的人力资源需求预测方法是(   )。

    A. 人员核查法   B. 德尔菲法

    C. 管理人员接续计划法   D. 管理人员判断法

442. 在绩效考核中，贯穿于绩效考核整个周期的活动是(   )。

    A. 选择考核方法   B. 绩效沟通   C. 制定考核计划   D. 反馈考核结果

443. 从心理学角度来说，薪酬是个人和企业之间的一种心理契约，这种契约通过员工对薪酬状况的感知而影响员工的工作行为、工作态度以及各种绩效，这属于薪酬的(   )。

    A. 调节功能   B. 激励功能   C. 保障功能   D. 增值功能

444. 员工个人的绩效不是固定不变的，随着时间的推移和主客观条件的变化，绩效也会发生变化。这体现了绩效的(   )特点。

    A. 多因性   B. 多维性   C. 变动性   D. 灵活性

445. 通过对现有企业内部人力资源数量、质量、结构和在各职位上的分布状况进行核查，确切掌握人力资源拥有量及其利用潜力，在此基础上，评价当前不同种类员工的供应状况，确定相应的人选和需求，这种人力资源供给预测方法称为(   )。

    A. 人员核查法   B. 管理人员判断法

    C. 管理人员接续计划法   D. 马尔可夫模型

446. 下列薪酬制度中，能够激励员工的长期化行为，同时风险更大的是(   )。

    A. 利润分享计划   B. 持有股票

    C. 股票期权   D. 绩效奖金

447. 下列企业人力资源规划中，将目标定为降低人工成本、维护企业规范和改善人力资源结构的是(   )。

    A. 退休解聘计划   B. 劳动关系计划

    C. 人员使用计划   D. 薪酬激励计划

448. 下列薪酬中，与员工个人的工作和绩效并没有直接的关系，"人人都有份"的是(   )。

    A. 基本薪酬   B. 激励薪酬   C. 直接薪酬   D. 间接薪酬

449. 某企业采用马尔可夫模型法进行人力资源供给预测，现有业务员100人，业务主管10人，销售经理4人，销售总监1人，该企业人员变动矩阵如下。

职务	人员调动概率				离职率
	销售总监	销售经理	业务主管	业务员	
销售总监	0.8				0.2
销售经理	0.1	0.8			0.1
业务主管		0.1	0.7		0.2
业务员			0.1	0.6	0.3

该企业一年后业务主管内部供给量为( )人。

    A. 12   B. 17   C. 60   D. 72

450. 下列不属于影响企业薪酬管理外部因素的是( )。

    A. 物价水平   B. 劳动力市场的状况

    C. 其他企业的薪酬状况   D. 员工的工作年限

451. 某企业对销售主管进行绩效考核，在听取个人述职报告后，由销售部经理、其他业务主管以及销售员对每位销售主管的工作绩效做出评价，然后综合分析各方面意见得出每位销售主管的绩效考核结果。该企业采用的绩效考核方法是( )。

    A. 民主评议法   B. 关键事件法

    C. 评级量表法   D. 行为锚定法

452. 绩效考核实施阶段的主要任务有绩效沟通和( )。

    A. 绩效考核评价   B. 绩效考核结果反馈

    C. 绩效考核结果运用   D. 绩效考核比对

453. 某企业对其职能管理者进行绩效考核时，以书面文字的形式列出考核对象的成绩与不足、潜在能力、改进建议和培养方法等内容。该企业采用的绩效考核方法是( )。

    A. 行为锚定法   B. 关键事件法

    C. 评级量表法   D. 书面鉴定法

454. 某企业对营销部门的人力资源需求进行预测，由营销部经理和营销总监根据工作中的经验和对企业未来业务量增减情况来预测营销人员的需求数量。该企业采用的人力资源需求预测方法是( )。

    A. 管理人员判断法   B. 线性回归分析法

    C. 德尔菲法   D. 管理人员接续计划法

455. 某企业通过统计研究发现，年销售额每增加 1 000 万元，需增加管理人员、销售人员和后勤服务人员共 8 名，新增人员中，管理人员、销售人员和后勤服务人员的比例是 1∶5∶2。该企业预计 2020 年销售额比 2019 年销售额增加 3 000 万元。根据转换比率分析法计算，该企业 2020 年需要新增后勤服务人员( )人。

    A. 3   B. 5   C. 6   D. 9

456. 下列绩效考核活动中，不属于绩效考核结果反馈阶段的是( )。

    A. 制订绩效考核计划   B. 指导被考核者制订绩效改进计划

    C. 与被考核者沟通绩效考核结果   D. 指出被考核者在绩效方面的问题

457. 某企业制定的薪酬高于同一地区或同一行业其他企业同种职位的薪酬，以使自己的企业具有吸引力和竞争力，这体现了该企业在进行薪酬设计时遵循了( )。

    A. 公平原则   B. 竞争原则   C. 激励原则   D. 合法原则

458. 下列绩效考核方法中，为企业设计绩效指标体系提供了以外部导向为基础的全新思路的方法是( )。

    A. 平衡计分卡   B. 标杆超越法

    C. 人员核查法   D. 关键绩效指标法

459. 企业对支付的薪酬总额进行测算和监控，以维持正常的薪酬成本开支，避免给企业带来过重的财务负担，这种薪酬管理属于( )。

    A. 薪酬控制   B. 薪酬调整   C. 薪酬结构   D. 薪酬水平

460. 下列薪酬形式中，适用于个人激励的是(　　)。
     A. 特殊绩效认可计划　　　　　　B. 员工持股制度
     C. 利润分享计划　　　　　　　　D. 收益分享计划

461. 企业内部各类、各级职位的薪酬标准要适当拉开距离，以提高员工的工作积极性，这体现了薪酬制度设计的(　　)。
     A. 公平原则　　　B. 合法原则　　　　C. 激励原则　　　　D. 量力而行原则

462. 下列人力资源需求预测方法中，能够充分发挥专家作用、集思广益、预测准确度相对较高的方法是(　　)。
     A. 人员核查法　　　　　　　　　B. 德尔菲法
     C. 转换比率分析法　　　　　　　D. 一元回归分析法

463. 在听取考核对象个人的述职报告的基础上，由考核对象的上级主管、同事、下级以及与其有工作关系的人员，对其工作绩效做出评价，然后综合分析各方面的意见得出该考核对象的绩效考核结果。这种绩效考核方法是(　　)。
     A. 民主评议法　　　B. 关键事件法　　　C. 书面鉴定法　　　D. 比较法

464. 下列绩效考核中的活动，(　　)实质是一种日常管理活动。
     A. 制订绩效考核计划　　　　　　B. 做好技术准备工作
     C. 绩效考核评价　　　　　　　　D. 绩效沟通

465. 某企业设计薪酬制度时，将员工的职位划分为五个级别，按员工所处的职级确定其基本薪酬的水平和数额，该企业采用的薪酬制度设计方法是(　　)。
     A. 职位分类法　　　B. 职位等级法　　　C. 计点法　　　　　D. 因素比较法

466. 企业提供的一种与员工分享因生产率提高、成本节约和质量提高等而带来的收益的绩效奖励模式属于(　　)。
     A. 利润分享计划　　　　　　　　B. 特殊绩效认可计划
     C. 收益分享计划　　　　　　　　D. 员工持股制度

467. 某商场的销售额和所需销售人员成正相关关系，X 为销售额，Y 为销售人员，据历史资料得到回归方程 Y＝19.93＋0.03X。去年商场现有销售人员 40 名。若今年商场计划实现销售额 1 000 万元，则商场需新招聘销售人员(　　)人。
     A. 10　　　　　　B. 11　　　　　　C. 50　　　　　　D. 51

468. 绩效考核方法中，行为锚定评价法是把(　　)结合起来，取二者之所长的方法。
     A. 民主评议法与书面鉴定法　　　B. 民主评议法与关键事件法
     C. 评级量表法与关键事件法　　　D. 评级量表法与书面鉴定法

469. 绩效考核将员工个人的发展目标和企业的发展目标结合与统一起来，这必然对企业整体绩效的提高发挥积极的作用。这体现了绩效考核的(　　)。
     A. 激励功能　　　　　　　　　　B. 学习和导向功能
     C. 监控功能　　　　　　　　　　D. 增进绩效的功能

刷进阶 ┈┈┈┈┈┈┈┈┈┈┈┈┈┈┈┈┈┈┈┈ 高频进阶·强化提升

470. 企业人力资源规划中，为实现人员培训开发计划可以采取的策略是(　　)。
     A. 明确任职资格、职务轮换范围及时间等
     B. 竞争上岗、择优录用、优化比例、提升选拔标准

C. 培训时间和方式的选择、培训效果的跟踪调查

D. 招聘标准、招聘渠道、招聘方式的选择等

471. 在绩效考核的步骤中，（　　）阶段的主要任务是分析整理绩效考核结果，把这些结果合理地运用到人力资源开发与管理工作的各个环节上去。

    A. 绩效考核的准备　　　　　　　　　B. 绩效考核的实施

    C. 绩效考核评价　　　　　　　　　　D. 绩效考核结果的运用

472. 下列绩效考核方法中，具有民主性强、操作程序比较简单、容易控制的优点，但难免会有人为因素导致评价偏差的是（　　）。

    A. 民主评议法　　　　　　　　　　　B. 书面鉴定法

    C. 关键事件法　　　　　　　　　　　D. 评级量表法

473. 个人激励薪酬的主要形式不包括（　　）。

    A. 计件制　　　　　　　　　　　　　B. 绩效工资

    C. 工时制　　　　　　　　　　　　　D. 员工持股制度

474. 绩效考核时，考核者先从所有的考核对象中选出最好和最差的两名，然后在余下的人员中再选出最好和最差的两名，以此类推，直至全部人员的顺序排定。这种绩效考核方法是（　　）。

    A. 直接排序法　　　　　　　　　　　B. 交替排序法

    C. 一一对比法　　　　　　　　　　　D. 插入对比法

475. 某企业统计研究发现年销售额每增加 1 000 万元需增加管理人员、销售人员和客服人员共 36 名新增人员，管理人员、销售人员和客服人员的比例是 1∶5∶3。该企业预计 2019 年销售额比 2018 年销售额增加 2 000 万元，根据转换比率分析法，该企业 2019 年需要新增销售人员（　　）人。

    A. 40　　　　　　B. 15　　　　　　C. 36　　　　　　D. 24

476. 采用行为锚定评价法进行员工绩效考核的第一步是（　　）。

    A. 考核者确定某工作所包含的活动、内容和绩效指标

    B. 为各绩效指标设定一组关键事件

    C. 确定绩效等级与关键事件之间的对应关系

    D. 参照行为锚定评分表，对被考核者的工作绩效进行考核

477. 企业给员工缴存的住房公积金属于（　　）。

    A. 个人激励薪酬　　　　　　　　　　B. 基本薪酬

    C. 福利　　　　　　　　　　　　　　D. 群体激励薪酬

478. 企业根据员工、团队或者企业自身的绩效而支付给员工的具有变动性质的薪酬属于（　　）。

    A. 补偿薪酬　　　　B. 激励薪酬　　　　C. 福利薪酬　　　　D. 基本薪酬

479. 某企业进行基本薪酬设计时，第三薪酬等级的薪酬区间中值为 3 000 元，薪酬浮动率为 20%，则该薪酬等级的区间最高值为（　　）元。

    A. 4 800　　　　　B. 3 600　　　　　C. 3 000　　　　　D. 2 400

480. 下列各项中，（　　）是指企业内部各个职位之间薪酬的相互关系，它反映了企业支付的薪酬的内部一致性。

    A. 薪酬水平　　　　B. 薪酬结构　　　　C. 薪酬形式　　　　D. 薪酬控制

481. 人力资源规划的基点是(　　)。

　　A. 保障企业组织和企业员工都得到长期的利益

　　B. 谋求企业人力资源与企业发展目标的动态平衡

　　C. 谋求企业人力资源与企业发展战略的动态平衡

　　D. 寻求人力资源需求与供给的动态平衡

482. 企业根据员工、团队或者企业自身的绩效而支付给员工的具有变动性质的经济收入属于(　　)。

　　A. 基本薪酬　　　B. 激励薪酬　　　C. 间接薪酬　　　D. 补偿薪酬

483. 绩效考核的比较法中，最常用的形式不包括(　　)。

　　A. 直接排序法　　　　　　　　B. 交替排序法

　　C. ——对比法　　　　　　　　D. 插入对比法

484. 某公司奖励年终绩效考核前 3 名的员工 5 万元，该公司主要是利用绩效考核的(　　)。

　　A. 协调功能　　　B. 沟通功能　　　C. 监控功能　　　D. 激励功能

485. 关于福利的说法，错误的是(　　)。

　　A. 福利多采取实物支付或延期支付的形式

　　B. 福利具有准固定成本的性质

　　C. 福利具有典型的保健性质

　　D. 福利不具有税收方面的优惠

486. 管理者对下级人员完成绩效目标的情况进行了解，给予必要的督促、指导和建议，帮助他们克服困难，实现绩效目标。这属于绩效考核过程中的(　　)。

　　A. 绩效沟通　　　　　　　　　B. 绩效考核评价

　　C. 考核结果反馈　　　　　　　D. 考核结果运用

487. 将一名员工的工作绩效与其他员工进行比较，进而确定其绩效水平的考核方法是(　　)。

　　A. 关键事件法　　　　　　　　B. 民主评价法

　　C. 比较法　　　　　　　　　　D. 量表法

488. 下列人力资源信息中，不属于外部环境信息的是(　　)。

　　A. 劳动力市场需求状况　　　　B. 员工使用情况

　　C. 人口变化趋势　　　　　　　D. 劳动力市场供应状况

489. 下列关于绩效的表述，错误的是(　　)。

　　A. 绩效就其范围而言，分为企业的绩效、部门的绩效和员工个人的绩效三种

　　B. 员工个人绩效是指员工个人从事其本职工作后所产生的成绩和成果

　　C. 员工个人绩效是其工作结果的间接反映，对其所在部门和整个企业的目标能否实现有间接的影响

　　D. 员工个人绩效是已经表现出来的工作结果和工作行为，也是能够评价的工作结果和工作行为

第九章　企业投融资决策及并购重组

扫我做试题

刷 基 础 --- 紧扣大纲·夯实基础

490. 下列资本结构理论中，认为公司的债务资本越多，债务资本比例就越高，综合资本成本率就越低，从而公司的价值就越大的是(　　)。

A. 净收益观点　　　　　　　　　　B. 净营业收益观点

C. 代理成本理论　　　　　　　　　　D. 市场择时理论

491. 某公司发行优先股，约定无到期日，每年股息6元，假设年利率为10%，则该优先股股利的现值为(　　)元。

A. 45　　　　　B. 50　　　　　C. 55　　　　　D. 60

492. 某公司拟开发一项目，该项目的期望报酬率为25%，标准离差为20%，则该项目的标准离差率为(　　)。

A. 35%　　　　B. 12%　　　　C. 98%　　　　D. 80%

493. 某企业2020年度发行债券融资，每张债券面值100元，票面利率8%，期限5年，发行200万张，筹资总额2亿元，约定每年付息一次，到期一次性还本，假设筹资费用率为1.5%，企业所得税率为25%，则该债券的资本成本率是(　　)。

A. 5.78%　　　　B. 5.85%　　　　C. 5.94%　　　　D. 6.09%

494. 某企业欲购进一台设备，需要支付300万元，该设备使用寿命为4年，无残值，采用直线法计提折旧，预计每年可产生营业净现金流量140万元，若所得税率为25%，则投资回收期为(　　)年。

A. 2.1　　　　B. 2.3　　　　C. 2.4　　　　D. 3.2

495. 某公司向银行借款1 000万元，期限为5年，年利率为12%，复利计息，到期时企业应偿还本息合计金额为(　　)万元。

A. 3 524.64　　　B. 1 762.34　　　C. 1 600　　　D. 3 653.24

496. 下列企业重组方式中，为缺乏现金清偿能力的股东偿还公司债务提供了途径的是(　　)。

A. 资产注入　　　B. 资产置换　　　C. 以股抵债　　　D. 债转股

497. 下列理论中，能够正确揭示不同时点上资金之间换算关系的是(　　)。

A. 货币的时间价值　　　　　　　　B. 风险价值

C. 资本成本　　　　　　　　　　　D. 财务杠杆

498. 在前几个周期内不支付款项，到了后面几个周期时才等额支付的年金形式称为(　　)。

A. 后付年金　　　B. 先付年金　　　C. 递延年金　　　D. 永续年金

499. 假设i为折现率，n期先付年金的终值可以用n期后付年金的终值乘以(　　)求得。

A. $(1+i)$　　　B. $(1+i)^{-1}$　　　C. $(1+i)^{-n}$　　　D. $(1+i)^{n}$

500. 在投资决策中，可用于项目风险的衡量和处理的方法是(　　)。

A. 调整资本成本法　　　　　　　　　　B. 调整资产结构法

C. 调整营业杠杆法　　　　　　　　　　D. 调整现金流量法

501. 下列项目投资决策评价指标中，没有考虑资金的时间价值的是（　　）。

A. 净现值　　　　B. 平均报酬率　　　　C. 获利指数　　　　D. 内部报酬率

502. 某公司准备购置一条新的生产线。新生产线使公司年利润总额增加 400 万元，每年折旧增加 20 万元，企业所得税率为 25%，则该生产线项目的年净营业现金流量为（　　）万元。

A. 300　　　　B. 320　　　　C. 380　　　　D. 420

503. 甲公司与乙公司合并设立新公司，则（　　）。

A. 甲、乙公司均存续　　　　　　　　　B. 甲、乙公司均解散

C. 仅甲公司解散　　　　　　　　　　　D. 仅乙公司解散

504. 资本成本是企业筹资和使用资本而承付的代价，从绝对量的构成看资本成本包括用资费用和（　　）。

A. 销售费用　　　　B. 制造费用　　　　C. 筹资费用　　　　D. 营业费用

505. 营业杠杆系数是指（　　）的变动率相当于销售额（营业额）变动率的倍数。

A. 经营费用　　　　B. 变动成本　　　　C. 财务费用　　　　D. 息税前盈余

506. 某公司从银行获得贷款 2 亿元，期限为 3 年，贷款年利率为 6.5%，约定每年付息一次，到期一次性还本。假设筹资费用率为 0.5%，公司所得税税率为 25%，则该公司该笔贷款的资本成本率是（　　）。

A. 4.90%　　　　B. 5.65%　　　　C. 6.50%　　　　D. 9.00%

507. 两种或两种以上筹资方案下普通股每股利润相等时的息税前盈余点是（　　）。

A. 企业资产结构　　　　　　　　　　　B. 最佳资本结构

C. 每股利润无差别点　　　　　　　　　D. 企业财务目标

508. 下列关于现代资本结构理论的表述错误的是（　　）。

A. 根据代理成本理论，债权资本适度的资本结构会降低股东的价值

B. 根据动态权衡理论，当调整成本小于次优资本结构所带来的公司价值损失时，公司的实际资本结构就会向其最优资本结构状态进行调整

C. 根据市场择时理论，当股票被过分低估时，理性的决策者应该回购股票

D. 按照啄序理论，不存在明显的目标资本结构

509. 某企业计划 2017 年投资一个新的生产线项目，经测算，该项目厂房投资为 200 万元，设备投资为 500 万元，流动资产投资额为 50 万元；企业所得税率为 25%。则该项目初始现金流量为（　　）万元。

A. 500.0　　　　B. 525.0　　　　C. 562.5　　　　D. 750.0

510. 甲公司是一家致力于打造"全产业链"的集团企业。2017 年该公司在原有小麦面粉企业的基础上并购了一家方便面企业乙公司。甲公司针对乙公司的这种并购属于（　　）。

A. 纵向并购　　　　B. 混合并购　　　　C. 善意并购　　　　D. 协议并购

511. 某公司的营业杠杆系数和财务杠杆系数均为 1.2，则该公司总杠杆系数为（　　）。

A. 1.00　　　　B. 1.20　　　　C. 1.44　　　　D. 2.40

512. 假设无风险报酬率为 3.5%，某公司股票的风险系数为 1.2，市场平均报酬率为 9.5%，则该公司发行股票的资本成本率为（　　）。

A. 9.5%   B. 9.9%   C. 10.7%   D. 13.0%

513. 根据每股利润分析法,当企业的实际 EBIT 大于无差别点时,公司宜选择(　　)筹资方式。
    A. 资本成本非固定型   B. 资本成本固定型
    C. 资本成本递增型   D. 资本成本递减型

514. 使用市销率法对公司估值的计算方式是(　　)。
    A. 标准市销率×销售费用   B. 标准市销率×销售成本
    C. 标准市销率×营业利润   D. 标准市销率×销售收入

515. 普通股价格为 10 元,每年固定支付股利 1.50 元,则该普通股的资本成本率为(　　)。
    A. 10.5%   B. 15%   C. 19%   D. 20%

516. 一个企业用现金、有价证券等方式购买另一家企业的资产或股权,以获得对该企业控制权的一种经济行为称为(　　)。
    A. 企业收购   B. 企业兼并   C. 企业并购   D. 企业重组

517. 某公司的债务年利息额为 36 万元,息税前盈余额为 90 万元,则该公司的财务杠杆系数为(　　)。
    A. 0.4   B. 1.7   C. 2.8   D. 3.5

518. 下列成本费用中,在估算营业现金流量时,每年的营业现金支出不包括(　　)。
    A. 管理费用   B. 财务费用   C. 折旧   D. 制造费用

519. 假设某公司一个项目在 5 年建设期内每年年末从银行借款 50 万元,借款年利率为 6%,则该项目竣工时应付本息的总额为(　　)万元。
    A. 66.91   B. 281.85   C. 300   D. 833.33

520. 如果某一项目的项目期为 4 年,项目总投资额为 600 万元,每年现金净流量分别为 200 万元、330 万元、240 万元、220 万元,则该项目不考虑资金时间价值时的平均报酬率为(　　)。
    A. 16.5%   B. 22.5%   C. 33%   D. 41.25%

521. M 公司从 N 公司租入数控机床一台,合同约定租期为 2 年,M 公司每年年末支付给 N 公司租金 10 万元,假定年复利率为 6%,则 M 公司支付的租金现值总计为(　　)万元。
    A. 9.43   B. 18.33   C. 20.00   D. 20.12

522. 公司对互斥的投资方案选择决策中,当使用不同的决策指标所选的方案不一致时,在无资本限量的情况下,应以(　　)指标为选择依据。
    A. 投资回收期   B. 获利指数   C. 内部报酬率   D. 净现值

523. 如果某企业的财务杠杆系数为 1.8,则说明(　　)。
    A. 当公司息税前盈余增长 1 倍时,普通股每股收益将增长 1.8 倍
    B. 当公司普通股每股收益增长 1 倍时,息税前盈余将增长 1.8 倍
    C. 当公司营业额增长 1 倍时,息税前盈余将增长 1.8 倍
    D. 当公司息税前盈余增长 1 倍时,营业额将增长 1.8 倍

524. (　　)是指分立后,被分立企业仍存续经营,并且不改变企业名称和法人地位,同时分立企业作为另一个独立法人而存在。
    A. 新设分立   B. 存续分立   C. 持股分立   D. 出售

525. 借款合同如果附加补偿性余额条款，会使企业借款的资本成本率（　　）。
    A. 上升　　　B. 下降　　　C. 不变　　　D. 先上升后下降

526. 下列资本结构理论中，认为在公司的资本结构中，债权资本的多少、比例的高低，与公司的价值没有关系的是（　　）。
    A. 净营业收益观点　　　　　　B. 净收益观点
    C. 代理成本理论　　　　　　　D. 啄序理论

527. 公司债权人将其对公司享有的合法债权转为出资（认购股份）从而增加公司注册资本的行为是（　　）。
    A. 股转债　　　B. 以债抵股　　　C. 债转股　　　D. 以股抵债

528. 在进行投资项目的现金流量估算时，需要估算的是与项目相关的（　　）。
    A. 增量现金流量　　　　　　　B. 企业全部现金流量
    C. 投资现金流量　　　　　　　D. 经营现金流量

529. 影响企业财务杠杆系数的因素是（　　）。
    A. 息税前盈余　　　　　　　　B. 无形资产比重
    C. 股权集中度　　　　　　　　D. 金融资产比重

530. 内部报酬率是使投资项目的净现值（　　）的贴现率。
    A. 等于 0　　　B. 等于 1　　　C. 等于 −1　　　D. 大于 0

刷 进 阶

531. 综合资本成本率的高低取决于资本结构和（　　）两个因素。
    A. 股利率　　　　　　　　　　B. 个别资本成本率
    C. 边际资本成本率　　　　　　D. 利息率

532. 某公司普通股股票的风险系数为 1.1，市场平均报酬率为 10%，无风险报酬率为 6%，根据资本资产定价模型，该公司普通股筹资的资本成本率为（　　）。
    A. 10.4%　　　B. 12.1%　　　C. 12.8%　　　D. 13.1%

533. 甲公司从乙公司租入一台设备，合同约定租期 3 年，甲公司每年年末支付给乙公司 6 万元，假定年复利率 10%，则甲公司支付的租金现值总计是（　　）万元。
    A. 14.92　　　B. 16.55　　　C. 17.43　　　D. 21.55

534. 下列因素中，影响财务杠杆系数大小的是（　　）。
    A. 股权结构　　　　　　　　　B. 债务年利息额
    C. 公益金　　　　　　　　　　D. 资产结构

535. 认为公司的价值与其资本结构无关的资本结构理论是（　　）。
    A. 净营业收益观点　　　　　　B. 信号传递理论
    C. 代理成本理论　　　　　　　D. MM 资本结构理论

536. 营业杠杆系数越大，表示企业息税前盈余对销售量变化的（　　）。
    A. 敏感程度越高，经营风险越小　　B. 敏感程度越高，经营风险越大
    C. 敏感程度越低，经营风险越小　　D. 敏感程度越低，经营风险越大

537. A 公司因开发某项目，暂时无力偿还 B 公司的借款。双方通过协商达成一致意见，A 公司给予 B 公司 3% 的股份，以抵消相应的借款。此项交易属于（　　）。
    A. 资产置换　　　B. 资产注入　　　C. 以股抵债　　　D. 债转股

538. 某公司采用固定股利政策，每年每股分派现金股利 1 元，普通股每股融资净额 15 元，企业所得税为 25%，则该公司的普通股资本成本率为(   )。

   A. 5.33%　　　　B. 6.67%　　　　C. 8.89%　　　　D. 15%

539. 甲公司以其持有的乙公司的全部股权，与丙公司的除现金以外的全部资产进行交易，甲公司与丙公司之间的这项资产重组方式是(   )。

   A. 以资抵债　　B. 资产置换　　　C. 股权置换　　　　D. 以股抵债

540. 财务杠杆是由于(   )的存在而产生的效应。

   A. 折旧　　　　　　　　　　　　　B. 固定经营费用

   C. 付现成本　　　　　　　　　　　D. 固定融资成本

541. B 公司将其持有的对 A 公司的债权转成持有 A 公司的股权，此次重组会增加(   )。

   A. B 公司的注册资本　　　　　　　B. A 公司的负债总额

   C. A 公司的注册资本　　　　　　　D. B 公司的负债总额

542. 企业以资本保值增值为目标，运用资产重组、负债重组和产权重组方式，优化企业资产结构、负债结构和产权结构，以充分利用现有资源，实现资源优化配置的过程称为(   )。

   A. 企业收购　　B. 企业兼并　　　C. 企业并购　　　　D. 企业重组

543. 企业债券资本成本中的(   )可以在所得税前列支，但发行债券的筹资费用一般较高。

   A. 申请费　　　B. 注册费　　　　C. 利息费用　　　　D. 上市费

544. 某贸易公司租赁办公场所，租期 10 年，约定自第 3 年年末起每年末支付租金 3 万元，共支付 7 年，这种租金形式是(   )。

   A. 先付年金　　B. 后付年金　　　C. 永续年金　　　　D. 递延年金

545. 企业可利用网络追踪、数据挖掘等技术分析消费者的偏好、需求和购物习惯，并将消费者的需求及时反馈到决策层，促进企业针对消费者而进行研究和开发活动，更好地为他们提供服务，这体现了电子商务的(   )特点。

   A. 服务个性化　　B. 运作高效化　　C. 交易虚拟化　　D. 成本低廉化

546. 如果某一方案的风险报酬系数为 10%，无风险报酬率为 5%，标准离差率为 32%，则该方案的投资必要报酬率为(   )。

   A. 1.8%　　　　B. 3.2%　　　　　C. 8.2%　　　　　D. 11.8%

547. 甲公司计划开发生产 A 产品。经测算投资 A 产品的标准离差率为 40%，风险报酬系数为 40%，则甲公司开发生产 A 产品的风险报酬率是(   )。

   A. 15%　　　　B. 40%　　　　　C. 16%　　　　　D. 80%

548. 甲公司作为买方，将收购股票的数量、价格、期限、支付方式等收购事项以发布公告的方式告知给目标公司的股东，此种并购方式称为(   )。

   A. 要约并购　　B. 协议并购　　　C. 二级市场并购　　D. 杠杆并购

549. 某项目进行到终结期时，固定资产残值收入为 80 万元，收回垫支的流动资产投资 1 080 万元，企业所得税税率为 25%，则该项目的终结现金流量为(   )万元。

   A. 1 160　　　 B. 1 080　　　　 C. 1 000　　　　 D. 980

550. 从第一期起，在一定时期内每期期初等额收付的系列款项称为(   )。

   A. 后付年金　　B. 先付年金　　　C. 递延年金　　　　D. 永续年金

551. 普通股每股市价与每股盈利的比率称为( )。
    A. 市盈率
    B. 市净率
    C. 市销率
    D. 息税前盈余率

552. 投资项目完结时所发生的现金流量是( )。
    A. 初始现金流量
    B. 营业现金流量
    C. 终结现金流量
    D. 投资中的现金流量

553. 货币的时间价值按复利计算的假设前提是( )。
    A. 资金可以再投资
    B. 存在通货膨胀
    C. 资金供给稀缺
    D. 存在通货紧缩

554. 企业生产经营中，由于固定成本存在，当销售额(营业额)增减时，息税前盈余会有更大幅度的增减，这种情况称为( )。
    A. 营业杠杆
    B. 财务杠杆
    C. 总杠杆
    D. 双杠杆

555. 下列不属于并购效应的是( )。
    A. 实现协同效应
    B. 实现战略重组，开展多元化经营
    C. 降低代理成本
    D. 减轻负担，清晰主业

556. 内部报酬率法的优点是( )。
    A. 反映了各种投资方案的净收益
    B. 反映了投资项目的真实报酬率
    C. 反映了投资项目的盈亏程度
    D. 不需考虑货币的时间价值

第十章　电子商务

扫我做试题

刷 基 础

557. 电子商务能十分方便地采用网页上的"选择""填空"等格式文件来收集用户对商品、服务的意见，使企业提高服务水平、改进产品、发现市场的商业机会，这体现了电子商务的( )功能。
    A. 电子支付
    B. 网络调研
    C. 交易管理
    D. 广告宣传

558. 下列网络营销的方式中，( )的本质在于通过原创专业化内容进行知识分享，争夺话语权，建立起个人品牌，树立自己"意见领袖"的身份，进而影响读者和消费者的思维和购买行为。
    A. 搜索引擎营销
    B. 博客营销
    C. 论坛营销
    D. 病毒式营销

559. 互联网通过展示商品图像、提供商品信息查询，来实现供需互动与双向沟通。这体现了网络营销的( )特点。
    A. 多维性
    B. 整合性
    C. 交互性
    D. 超前性

560. 某企业为了提高服务水平，通过电子商务平台收集用户对服务的意见和偏好，该企业的活动实现了电子商务的(　　　)功能。

    A. 广告宣传　　　　　　　　　　B. 网上订购

    C. 网络调研　　　　　　　　　　D. 咨询洽谈

561. 网络营销中产品和服务的定价需要考虑的因素不包括(　　　)。

    A. 个性化　　　　　　　　　　　B. 弹性化

    C. 趋低化　　　　　　　　　　　D. 国际化

562. 可通过新闻组、电子公告牌或邮件列表讨论组进行的网络市场直接调研方法是(　　　)。

    A. 搜索引擎法　　　　　　　　　B. 网上观察法

    C. 在线问卷法　　　　　　　　　D. 专题讨论法

563. 交易双方通过计算机网络进行贸易，从洽谈、签约到订货、支付等事项，均通过网络完成，无须当面进行，这体现电子商务的(　　　)特点。

    A. 运输全球化　　　　　　　　　B. 资本虚拟化

    C. 经济全球化　　　　　　　　　D. 交易虚拟化

564. 下列网络营销方式中，在六维理论的基础上实现的营销方式是(　　　)。

    A. 即时通信营销　　　　　　　　B. 电商直播营销

    C. SNS 营销　　　　　　　　　　D. 网络软文营销

565. 下列网络市场调研方法中，属于网络市场间接调研方法的是(　　　)。

    A. 专题讨论法　　　　　　　　　B. 网上观察法

    C. 在线问卷法　　　　　　　　　D. 网上数据库查找法

566. 在电子商务活动中，(　　　)是动机和目的。

    A. 商流　　　　　　　　　　　　B. 物流

    C. 资金流　　　　　　　　　　　D. 信息流

567. 电子商务是一种在虚拟互联网空间进行的商务模式，它需要一个具有权威性和公正性的第三方信任机构，这个机构称为(　　　)。

    A. CA 认证中心　　　　　　　　　B. 物流配送体系

    C. 银行　　　　　　　　　　　　D. 政府

568. 下列选项中，不属于电子商务系统框架结构三个层次的是(　　　)。

    A. 一般业务服务层　　　　　　　B. 网络层

    C. 技术标准　　　　　　　　　　D. 信息发布层

569. 下列选项中，属于电子支票类的是(　　　)。

    A. 电子汇款　　　　　　　　　　B. 电子信用卡

    C. 电子现金　　　　　　　　　　D. 电子钱包

570. 电子商务发展的高级阶段是(　　　)。

    A. 非完全电子商务　　　　　　　B. 完全电子商务

    C. 区域化电子商务　　　　　　　D. 全球电子商务

571. 能够解决先付款还是先发货矛盾的电子支付方式是(　　　)。

    A. 第一方支付　　　　　　　　　B. 第三方支付

    C. CA 认证支付　　　　　　　　　D. 自动柜员机支付

572. 下列电子商务模式中，不以营利为目的的是(　　　)。

A. B2B   B. B2C

C. C2G   D. C2C

573. 企业开展电子商务，是以(　　)为主体。

A. 运营管理   B. 电子化方式

C. 计算机网络   D. 商务活动

574. 在电子商务网站设计过程中，颜色搭配、版面布局以及文字图片应用等活动属于(　　)。

A. 功能设计   B. 结构设计

C. 艺术设计   D. 数据库设计

575. 企业电子商务作为整体该如何运行的根本指导思想是(　　)。

A. 企业电子商务愿景   B. 企业电子商务战略

C. 企业电子商务使命   D. 企业电子商务目标

576. 甲公司是一家大型钢铁联合企业，建立网站以寻找更多买方。这种电子商务模式属于(　　)。

A. 卖方控制型   B. 买方控制型

C. 中介控制型   D. 第三方控制型

577. 电子支付过程中，货币债权以(　　)的方式被持有、处理、接收。

A. 数字信息   B. 物理实体

C. 金银铸币   D. 商品实物

578. 电子商务的"四流"指的是(　　)。

A. 商流、资金流、物流、信息流

B. 商流、资金流、客户流、信息流

C. 现金流、资金流、物流、数据流

D. 商流、现金流、物流、数据流

579. 下列网络市场调研中，属于网络市场间接调研的是(　　)。

A. 网上观察法   B. 在线问卷法

C. 网上实验法   D. 搜索引擎法

580. 下列关于电子支付描述错误的是(　　)。

A. 电子支付过程中，货币债权以数字信息的方式被持有、处理、接收

B. 电子支付是采用先进的技术通过数字流转来完成信息传输的

C. 电子支付的工作环境基于一个封闭的系统平台

D. 电子支付具有方便、快捷、高效、经济的优势

581. O2O 电子商务指的是(　　)。

A. 企业对消费者的电子商务   B. 企业对企业的电子商务

C. 企业对政府的电子商务   D. 线上对线下的电子商务

刷 进 阶   高频进阶·强化提升

582. B2C 电子商务的基本组成部分不包括(　　)。

A. 网上商店   B. 物流系统

C. 电子支付系统   D. CA 认证中心

583. 为电子商务的产生奠定了技术基础的是(   )。
    A. 经济全球化   B. 信息技术革命
    C. 国家科技政策   D. 新产品开发的能力

584. 家电和书刊适合在网上销售,这类产品的质量和性质有统一的标准,产品之间没有多大的差异,在购买前后质量都非常透明且稳定,不需要在购买时进行检验或比较。这说明适合网上销售的产品应具有(   )特点。
    A. 重购性   B. 产品标准化
    C. 廉价性   D. 时尚性

585. 下列不属于电子商务四支柱的是(   )。
    A. 公共政策   B. 技术标准
    C. 网络安全   D. 信息发布

586. 电子商务运作系统中,保证相关主体身份真实性和交易安全性的机构是(   )。
    A. 企业   B. 物流配送机构
    C. CA 认证中心   D. 银行

587. 下列移动支付终端中用户量最大的是(   )。
    A. 掌上电脑   B. 移动 pos 机
    C. 移动个人计算机   D. 智能手机

588. 某企业通过相关软件记录登录网络浏览者浏览企业网页时所点击的内容,该企业采用的网络市场直接调研方法是(   )。
    A. 专题讨论法   B. 在线问卷法
    C. 网上观察法   D. 网上实验法

589. 在电子商务的运作过程中,电子商务网站推广属于(   )阶段的工作。
    A. 制定电子商务战略   B. 选择电子商务战略
    C. 系统设计与开发   D. 电子商务组织实施

590. O2O 电子商务实现线上与线下的协调集成,其本质属于(   )。
    A. O2O 电子商务   B. C2C 电子商务
    C. B2C 电子商务   D. B2O 电子商务

591. 企业将品牌、产品和服务的信息以新闻报道的方式在门户网站传播,这种网络营销属于(   )。
    A. 网络口碑营销   B. 网络直复性营销
    C. 网络软文营销   D. 网络事件营销

592. 企业可以借助互联网将不同的传播营销活动进行统一设计规划和协调实施,以统一的传播方式向消费者传达信息,避免不同传播中的不一致性产生消极影响,这体现了网络营销的(   )。
    A. 整合性   B. 高效性
    C. 技术性   D. 交互式

593. 由买卖双方企业之外的第三者建立,以便匹配买卖双方需求与价格的 B2B 电子商务模式是(   )。
    A. 卖方控制型   B. 买方控制型
    C. 中介控制型   D. 官方控制型

594. 有形产品的网上销售需要相应的(　　)作为支撑。
    A. 科学化生产体系　　　　　　B. 物流配送系统
    C. 网上销售流程　　　　　　　D. 实体店

595. 电子商务的"四流"中具有双向传递特点的是(　　)。
    A. 信息流　　　　　　　　　　B. 资金流
    C. 商流　　　　　　　　　　　D. 物流

596. 一种主播基于网络平台和直播技术，推介商品并与消费者互动来促销的营销方式是(　　)。
    A. 电商直播营销　　　　　　　B. SNS 营销
    C. 网络知识性营销　　　　　　D. BBS 营销

第十一章　国际商务运营

扫我做试题

刷基础

597. 根据日本学者小岛清所提出的边际产业扩张理论，投资国应从处于或即将处于(　　)的产业开始，积极促进制造业中的中小企业开拓对外直接投资。
    A. 绝对优势　　　　　　　　　B. 绝对劣势
    C. 比较优势　　　　　　　　　D. 比较劣势

598. 关于定程租船的说法，错误的是(　　)。
    A. 船舶的经营管理由船方负责
    B. 规定一定的航线和装运的货物种类、名称、数量以及装卸港口
    C. 船方除对船舶航行、驾驶、管理负责外，还应对货物运输负责
    D. 不规定装卸期限或装卸率，不计算滞期费、速遣费

599. 许可模式中，(　　)是指在一定期限和区域内，除了被许可方可以使用许可证协议下的技术之外，许可方自己也可以继续使用，但不得将这项技术再转让给第三方。
    A. 独占许可　　　　　　　　　B. 排他许可
    C. 普通许可　　　　　　　　　D. 分许可

600. 国际直接投资是指以控制国外企业的(　　)为核心的对外投资。
    A. 控股权　　　　　　　　　　B. 人事权
    C. 经营管理权　　　　　　　　D. 决策权

601. 国际化经营的市场进入模式中，(　　)是花费资源最多、面临风险最大的模式，但同时对市场的渗透最完全，获得的控制权也最强。
    A. 直接出口模式　　　　　　　B. 许可经营模式
    C. 合同制造模式　　　　　　　D. 国际直接投资模式

602. (　　)是指既不标明生产国别、地名和厂商名称，也不标明商标或牌号的包装。
    A. 中性包装　　　B. 定牌包装　　　C. 运输包装　　　D. 销售包装

603. 下列关于虚盘特点描述错误的是(　　)。

A. 在发盘中保留条件　　　　　B. 发盘不做肯定表示

C. 缺少主要交易条件　　　　　D. 必须送达受盘人

604. 能够集中加强对国际业务的管理,但容易造成国内、国外两大部门的对立,不利于资源优化配置的跨国公司管理组织形式是(　　)。

A. 国际业务部　　　　　　　　B. 全球性地区结构

C. 全球产品结构　　　　　　　D. 全球职能结构

刷 进 阶 高频进阶 · 强化提升

605. 关于跨国公司设立的母公司,下列说法正确的是(　　)。

A. 母公司通常本身不经营业务

B. 母公司等同于纯粹的控股公司

C. 母公司在法律上和经济上没有独立性,不是法人

D. 母公司通过制定方针、政策、战略等对其世界各地的分支机构进行管理

606. 能够有利于制定出针对性强的产品营销策略,适应不同市场的需求,但是容易形成区位主义观念,忽视公司的全球战略目标和总体利益,难以开展跨地区的新产品的研究与开发的跨国公司管理组织形式是(　　)。

A. 国际业务部　　　　　　　　B. 全球性地区结构

C. 全球产品结构　　　　　　　D. 全球职能结构

607. 根据邓宁的国际生产折衷理论,跨国公司进行对外直接投资是由于具备所有权优势、内部化优势以及区位优势,当企业拥有(　　)时,出口贸易是参与国际经济活动的一种较好形式。

A. 所有权优势　　　　　　　　B. 所有权优势和区位优势

C. 所有权优势和内部化优势　　D. 所有权优势、内部化优势和区位优势

608. 国际商务谈判中(　　)是交易成立的基本环节。

A. 询盘　　　B. 发盘　　　C. 还盘　　　D. 开户

609. 国际贸易术语中 CFR 的交货地点是(　　)。

A. 车间　　　　　　　　　　　B. 出口国的地点

C. 国内陆路口岸　　　　　　　D. 指定装运港口

610. 信用证结算程序中,出口商对比合同审核信用证,审核无误后,按信用证的规定装运货物,并备齐各项货运单据,开出汇票,在信用证有效期内,送请(　　)议付。

A. 开证行　　　B. 通知行　　　C. 议付行　　　D. 付款行

611. 由船舶出租人将船舶租给租船人使用一定期限,并在规定的期限内由租船人自行调度和经营管理。这种租船方式是(　　)。

A. 定期租船　　　B. 定程租船　　　C. 航次租船　　　D. 光船租船

612. (　　)方式下,议付行收到付款行的货款时,即从国外付款行收到该行账户的贷记通知书时,才按当日外汇牌价,按照出口企业的指示,将货款折成人民币拨入出口商的账户。

A. 收妥结汇　　　B. 押汇　　　C. 定期结汇　　　D. 买单结汇

刷 多项选择题

第一章 企业战略与经营决策

扫 我 做 试 题

刷 基 础

紧扣大纲·夯实基础

613. 迈克尔·波特教授提出价值链分析法中，属于辅助活动的有(   )。

A. 原料供应
B. 技术开发
C. 人力资源管理
D. 售后服务
E. 生产加工

614. 下列联盟战略中，属于契约式战略联盟的有(   )。

A. 合资企业
B. 产品联盟
C. 相互持股
D. 产业协调联盟
E. 营销联盟

615. 下列方法中，可以用于企业内部环境分析的有(   )。

A. 企业核心竞争力分析
B. 价值链分析法
C. EFE 矩阵分析法
D. IFE 矩阵分析法
E. 波士顿矩阵分析法

616. 头脑风暴法这种定性决策方法的缺点和弊端有(   )。

A. 不易产生更多的创造性思维
B. 易屈服于权威或大多数人的意见
C. 受心理因素影响较大
D. 对预测的价值较低
E. 易忽视少数人的意见

617. 下列方法中，适用于企业战略控制的有(   )。

A. 杜邦分析法
B. PESTEL 分析法
C. 价值链分析法
D. 利润计划轮盘

E. 平衡计分卡

618. 企业战略分若干层次，具体由(　　)组成。

A. 企业总体战略　　　　　　　　B. 企业业务战略

C. 企业发展战略　　　　　　　　D. 企业职能战略

E. 企业产品战略

619. 平衡计分卡将组织的战略落实为可操作的衡量指标和目标值，平衡计分卡的设计包括(　　)等内容。

A. 财务角度　　　　　　　　　　B. 顾客角度

C. 生产角度　　　　　　　　　　D. 内部流程角度

E. 学习和创新角度

620. 某食品企业拟采用契约模式进入国际市场，可选择的方式有(　　)。

A. 间接出口　　　　　　　　　　B. 许可证经营

C. 特许经营　　　　　　　　　　D. 管理合同

E. 直接出口

621. 下列经营决策方法中，适用于企业定性决策的有(　　)。

A. 哥顿法　　　　　　　　　　　B. 线性规划法

C. 德尔菲法　　　　　　　　　　D. 名义小组技术

E. 头脑风暴法

622. 下列方法中，适用于企业内部环境分析的有(　　)。

A. PESTEL 分析法　　　　　　　B. 波士顿矩阵分析法

C. 价值链分析法　　　　　　　　D. 内部因素评价矩阵

E. "五力模型"分析法

623. 美国战略学家迈克尔·波特提出的基本竞争战略包括(　　)。

A. 成本领先战略　　　　　　　　B. 多元化战略

C. 集中战略　　　　　　　　　　D. 市场渗透战略

E. 差异化战略

624. 关于经营决策的说法，正确的有(　　)。

A. 经营决策要有明确的目标

B. 经营决策要有多个备选方案供选择

C. 经营决策均是有关企业未来发展的全局性、整体性的重大决策

D. 决策者是企业经营决策的主体

E. 经营决策必须在有关活动尚未进行、环境条件并未受到影响的情况下进行

625. 根据钻石模型，波特教授认为决定一个国家某种产业竞争力的要素有(　　)。

A. 生产要素　　　　　　　　　　B. 需求条件

C. 机会和政府　　　　　　　　　D. 相关支撑产业

E. 企业战略、产业结构和同业竞争

626. 下列决策方法中，属于确定型决策方法的有(　　)。

A. 线性规划法　　　　　　　　　B. 盈亏平衡点法

C. 决策树分析法　　　　　　　　D. 期望损益决策法

E. 后悔值原则

627. 企业实施相关多元化战略时，应符合的条件有(   )。

A. 企业有机会收购一个有良好投资机会的企业

B. 企业可以将技术、生产能力从一种业务转向另一种业务

C. 企业可以将不同业务的相关活动合并在一起

D. 企业在新的业务中可以借用企业品牌的信誉

E. 企业能够创建有价值的竞争能力的协作方式实施相关的价值链活动

刷 进 阶 ——————————————————————

628. 企业在实施转向战略时，可以通过措施予以配合，这些措施包括(   )。

A. 减少资产存量　　　　　　　　B. 调整组织结构

C. 降低成本和投资　　　　　　　D. 减慢收回企业资金

E. 加速收回企业资金

629. 关于哥顿法的表述，正确的有(   )。

A. 其特点是不让会议成员直接讨论问题本身

B. 其难点在于主持者如何引导

C. 明确地阐述决策问题

D. 又称提喻法，该法由美国学者哥顿发明

E. 其优点是将问题抽象化，有利于减少束缚、产生创造性想法

630. 关于企业管理的说法，正确的有(   )。

A. 企业战略管理是指企业战略的分析与制定、评价与选择以及实施与控制，使企业能够达到其战略目标的动态管理过程

B. 企业战略管理的目标是提高企业整体优化的水平，使企业战略管理各个部分有机整合以产生集成效应

C. 企业战略管理关心的是企业长期稳定和持续发展，是螺旋式上升的过程

D. 高层战略管理者是总体战略的责任者，其战略管理的重点是使各职能部门的功能协调配合

E. 战略管理具有明显的主体导向特征

631. 当供应者具有以下(   )特征时，将处于有利的地位。

A. 购买者只购买供应者产品的一小部分

B. 供应者的行业由少数企业控制，购买方却很多

C. 供应者能够进行简单加工而与购买者竞争

D. 没有替代品

E. 有替代品

632. 下列关于杜邦分析法的表述正确的有(   )。

A. 杜邦分析法是基于质量指标的战略控制方法

B. 杜邦分析法可以对企业的战略实施状况进行财务控制

C. 杜邦分析法特别适用于产品多样化的大企业

D. 杜邦分析法最显著的特点是将若干个用以评价企业经营效率和财务状况的比例按其内在联系有机地结合起来，形成一个完整的指标体系

E. 杜邦分析法可使财务比率分析的层次更为清晰、条理更突出

633. 在贸易进入模式中，直接出口的主要形式包括(　　)。
   A. 建立国外营销子公司　　　　　　B. 设立驻外办事处
   C. 借助国外经销商和代理商　　　　D. 设立国内出口部
   E. 独资进入和合资进入

634. 关于企业核心竞争力，下列说法正确的有(　　)。
   A. 核心竞争力是一个企业能够长期获得竞争优势的能力
   B. 核心竞争力是将技能资产和运作机制有机融合的企业自身组织能力
   C. 核心竞争力是企业推行内部管理性战略和外部交易性战略的结果
   D. 核心竞争力是企业所特有的、能够经得起时间考验的、具有延展性的，但是竞争对手易于模仿的技术或能力
   E. 核心竞争力是企业竞争力中那些最基本的能使整个企业保持长期稳定的竞争优势、获得稳定超额利润的竞争力

第二章　公司法人治理结构

扫我做试题

刷 基 础 .... 紧扣大纲·夯实基础

635. 与个人业主制企业和合伙制企业这类自然人企业相比较，公司法人具有的基本特点有(　　)。
   A. 资合的特质　　　　　　　　　　B. 承担有限责任
   C. 承担无限责任　　　　　　　　　D. 所有权与经营权相分离
   E. 所有权与经营权相结合

636. 根据我国《公司法》，可以成为法人股东的有(　　)。
   A. 自然人　　　　　　　　　　　　B. 社团法人
   C. 企业法人　　　　　　　　　　　D. 投资基金组织
   E. 代表国家进行投资的机构

637. 根据我国《公司法》，有限责任公司董事会享有的职权有(　　)。
   A. 决定公司内部管理机构的设置　　B. 决定公司合并、分立和解散
   C. 制定公司的基本管理制度　　　　D. 执行股东会的决议
   E. 批准公司利润分配方案

638. 关于股份有限公司股东大会的说法，正确的有(　　)。
   A. 股东大会应当每年召开一次年会
   B. 监事会提议召开时，应当在三个月内召开临时股东大会
   C. 股东大会作出的普通决议，必须经出席会议的股东所持表决权过半数通过
   D. 股东大会选举董事、监事时，可以实行累积投票制
   E. 股东大会修改公司章程的决议，必须由出席会议的股东所持表决权的三分之二以上通过

639. 下列事项中，属于独立董事应向董事会或股东大会发表独立意见的有(　　)。

A. 提名、任免董事

B. 独立董事认为可能损害中小股东权益的事项

C. 公司董事、高级管理人员的薪酬

D. 董事会召开的提议

E. 聘任或者解聘高级管理人员

640. 下列对董事会的表述，正确的有（   ）。

A. 在公司的实际经营活动中，董事会只单纯的是股东机构决议的执行机构

B. 在决策权力系统内，董事会是执行机构

C. 在执行决策的系统内，董事会是决策机构

D. 董事会处于公司决策系统和执行系统的交叉点

E. 董事会是公司运转的核心

641. 某公司为上市公司，根据我国《公司法》，下列人员中，不得担任该公司独立董事的有（   ）。

A. 前 5 名股东单位任职的人员　　　　B. 持有该公司 0.5% 已发行股份的人员

C. 该公司前 10 名股东中的自然人股东　D. 在该公司第 6 大股东单位任职的人员

E. 为该公司提供法律服务的人员

642. 下列关于经理机构的表述，正确的有（   ）。

A. 经理又称经理人，是指由董事会做出决议聘任的主持日常经营工作的公司负责人

B. 在国外，经理一般由公司章程任意设定，设立后即为公司常设的辅助业务执行机关

C. 经理可以在股东会授权的范围内对外代表公司

D. 作为董事会的辅助机关，经理从属于董事会

E. 董事会与经理的关系是以董事会对经理实施控制为基础的合作关系

643. 关于公司原始所有权和法人产权的说法，正确的有（   ）。

A. 原始所有权表现为对公司财产的实际控制权

B. 法人产权是一种派生所有权

C. 原始所有权和法人产权反映的是相同的经济法律关系

D. 法人产权体现的是公司财产由谁占有、使用和处分

E. 原始所有权体现的是公司财产最终归谁所有

644. 根据公司法，股东基于股东资格而对公司享有的权利有（   ）。

A. 股份的无条件转让、退出权　　　　B. 公司新增资本的优先认购权

C. 经理人员的聘任权　　　　　　　　D. 公司股利的分配权

E. 股东(大)会的出席权、表决权

645. 股份有限公司股东大会的会议类型有（   ）。

A. 股东年会　　　　　　　　　　　　B. 临时股东会议

C. 大股东会议　　　　　　　　　　　D. 股东首次会议

E. 定期股东会议

646. 下列关于董事会性质的认识，正确的有（   ）。

A. 董事会是公司的最高权力机构

B. 董事会是公司法人的对外代表机构

C. 董事会是公司的法定常设机构

D. 董事会是代表股东对公司进行管理的机构

E. 董事会是公司的经营决策机构

647. 同一般股东相比，发起人股东在义务、责任承担及资格限制上具备的特点有( )。

　　A. 对公司设立承担责任　　　　　　B. 股份转让受到一定限制

　　C. 股份转让不受限制　　　　　　　D. 资格的取得受到一定限制

　　E. 资格的取得不受限制

648. 现代公司股东大会、董事会、监事会和经营者之间的相互制衡关系主要表现在( )。

　　A. 股东掌握着最终的控制权　　　　B. 董事会必须对股东负责

　　C. 监事会必须向董事会负责　　　　D. 经营者的管理权限由董事会授予

　　E. 经营者受聘于股东大会

649. 公司股东作为出资者按投入公司的资本份额享有所有者的权利，主要有( )。

　　A. 参与重大决策　　　　　　　　　B. 资产受益

　　C. 选择管理者　　　　　　　　　　D. 决定公司的经营计划

　　E. 制定公司的基本管理制度

刷 进 阶 ········ 高频进阶·强化提升

650. 根据我国公司法，有限责任公司经理的职权有( )。

　　A. 制定公司的具体规章　　　　　　B. 聘任或解聘公司财务负责人

　　C. 设定公司内部管理机构　　　　　D. 组织实施公司年度经营计划

　　E. 主持公司的生产经营管理

651. 关于国有独资公司董事会的说法，正确的有( )。

　　A. 董事会成员中的职工代表由公司职工代表大会选举产生

　　B. 董事会成员由上级人民政府委派

　　C. 董事会中职工代表不得少于 1/3

　　D. 董事每届任职不得超过 3 年

　　E. 董事长由董事会成员选举产生

652. 股份有限公司监事会的职权有( )。

　　A. 检查公司财务

　　B. 对董事、高级管理人员执行公司职务的行为进行监督与处罚

　　C. 对公司一般职工的工作作风、工作纪律进行监督检查

　　D. 对董事、高级管理人员提起诉讼

　　E. 对董事会决议事项进行质询

653. 关于公司原始所有权与法人产权的说法，错误的有( )。

　　A. 法人产权是一种终极所有权

　　B. 法人产权就是经营权

　　C. 原始所有权与法人产权反映的是不同的经济法律关系

　　D. 原始所有权表现为对公司财产的实际控制权

　　E. 原始所有权与法人产权的客体是同一财产

654. 根据公司法，董事会会议的表决实行的原则有( )。

A. 多数通过   B. 资本多数决

C. 董事数额多数决   D. 一股一权

E. 一人一票

655. 重要的国有独资公司(　　)的，应当由国有资产监督管理机构审核后，报本级人民政府批准。

A. 合并   B. 分立

C. 解散   D. 申请破产

E. 增加注册资本

第三章　市场营销与品牌管理

扫我做试题

刷 基 础　　　　　　　　　　　　　　　　　　　　紧扣大纲·夯实基础

656. 下列选项中，属于市场营销微观环境的有(　　)。

A. 企业自身的各种因素   B. 竞争者

C. 营销渠道企业   D. 顾客

E. 技术

657. 按照开发新产品的方式划分，新产品开发策略有(　　)。

A. 跟进策略   B. 抢先策略

C. 协约开发   D. 自主开发

E. 联合研制

658. 品牌战略的内容包括(　　)。

A. 持续定位决策   B. 品牌持有决策

C. 品牌有无决策   D. 品牌延伸决策

E. 品牌重新定位决策

659. 市场渗透定价策略的优点有(　　)。

A. 投资的回收期短

B. 价格变动余地大

C. 较易应付在短期内突发的竞争或需求的较大变化

D. 低价能迅速打开新产品的销路，便于企业提高市场占有率

E. 低价获利可阻止竞争者进入，便于企业长期占领市场

660. 品牌知名度的发展阶段有(　　)。

A. 无知名度   B. 提示知名度

C. 国际知名度   D. 顶端知名度

E. 未提示知名度

661. 影响市场营销的宏观环境包括(　　)。

A. 人口环境   B. 经济环境

C. 技术环境   D. 政治法律环境

E. 渠道商

662. 下列关于市场细分的表述正确的有（   ）。

A. 市场细分是通过产品本身的分类来细分市场

B. 通过市场细分分割后的每个小市场称为子市场，也称为细分市场

C. 市场细分是根据不同的顾客群体来进行细分市场

D. 消费需求的差异性是市场细分的基础

E. 市场细分所依据的细分变量主要有地理变量、人口变量、心理变量和行为变量

663. 市场定位是通过为自己的产品创立鲜明的特色或个性，塑造出独特的市场形象来实现的。下列通过产品实体表现产品特色或个性的有（   ）。

A. 豪华   B. 朴素

C. 形状   D. 构造

E. 性能

664. 下列指标中属于常用营销财务目标的有（   ）。

A. 绝对市场占有率   B. 资产负债率

C. 投资收益率   D. 销售增长率

E. 相对市场占有率

665. 实施撇脂定价策略的条件有（   ）。

A. 产品必须有特色

B. 竞争者在短期内不易打入市场

C. 潜在市场较大，需求弹性较大

D. 企业新产品的生产和销售成本随销量的增加而减少

E. 产品的质量、形象必须与高价相符，且有足够的消费者能接受这种高价并愿意购买

刷 进 阶 高频进阶·强化提升

666. 产品组合策略包括（   ）。

A. 扩大产品组合策略   B. 缩减产品组合策略

C. 产品线延伸策略   D. 产品线现代化策略

E. 产品线特色化策略

667. 常用的包装策略有（   ）。

A. 相似包装策略   B. 个别包装策略

C. 持续包装策略   D. 相关包装策略

E. 分等级包装策略

668. 按照新产品革新程度划分的新产品开发策略有（   ）。

A. 创新策略   B. 模仿策略

C. 抢先策略   D. 协约开发

E. 跟进策略

669. 在特定的目标市场内，可供企业选择的市场选择战略主要有（   ）。

A. 无差异营销战略   B. 差异性营销战略

C. 集中性营销战略   D. 成本领先营销战略

E. 撇脂营销战略

670. 直复营销的主要方式有(   )。

A. 直邮营销

B. 电话营销

C. 电视营销

D. 网络营销

E. 线下门店营销

第四章   分销渠道管理

扫我做试题

刷 基 础   紧扣大纲·夯实基础

671. 分销渠道运行绩效评估通常涉及的方面有(   )。

A. 渠道畅通性

B. 渠道覆盖率

C. 渠道延展性

D. 渠道多重性

E. 渠道财务绩效

672. 渠道冲突产生的原因包括(   )。

A. 角色错位

B. 资源稀缺

C. 目标差异

D. 中间商数量少

E. 沟通困难

673. 分销渠道管理任务包括(   )。

A. 提出并制定分销目标

B. 监测分销效率

C. 协调渠道成员关系

D. 提升销售增长额目标

E. 解决渠道冲突

674. 工业品市场特点表现包括(   )。

A. 顾客不稳定性

B. 需求的派生性

C. 需求弹性大

D. 专业采购

E. 一次购买量大

675. 厂家直供模式是指生产厂家直接将商品供应给终端渠道进行销售的渠道模式，其优点包括(   )。

A. 渠道短

B. 信息反应快

C. 不易出现销售盲区

D. 促销到位

E. 易于控制

676. 市场营销渠道包括参与某种商品供产销过程的所有企业和个人，参与者包括(   )。

A. 供应商

B. 生产者

C. 各类中间商

D. 市场管理者

E. 辅助商

677. 下列渠道成员激励中，属于业务激励的有(   )。

A. 融资支持

B. 交流市场信息

C. 合作制订经营计划

D. 提供产品、技术动态信息

E. 安排经销商会议

678. 下列渠道权力来源中，属于中介性权力的有(　　)。

A. 强迫权　　　　　　　　　　B. 专长权

C. 信息权　　　　　　　　　　D. 奖励权

E. 认同权

679. 根据利益冲突与对抗性行为的关系划分，冲突类型可分为(　　)。

A. 功能性冲突　　　　　　　　B. 低密度冲突

C. 潜伏性冲突　　　　　　　　D. 不冲突

E. 水平冲突

680. 渠道战略联盟包括(　　)。

A. 经销商之间的战略联盟　　　B. 供应商之间的战略联盟

C. 生产联盟　　　　　　　　　D. 市场联盟

E. 知识联盟

681. 下列属于网上零售商的有(　　)。

A. 搜狐门户网站　　　　　　　B. 百度搜索

C. 当当网　　　　　　　　　　D. 沃尔玛

E. 海尔顺逛商城

第五章　生产管理

扫我做试题

682. 制造资源计划结构的特点有(　　)。

A. 计划的一贯性和可行性　　　B. 物流和资金流的统一性

C. 数据的共享性　　　　　　　D. 静态的稳定性

E. 模拟的预见性

683. 在丰田精益生产方式系统中，看板的功能主要有(　　)。

A. 保证产品质量　　　　　　　B. 传递生产的工作指令

C. 防止过量生产　　　　　　　D. 防止过量运送

E. 实施"目视管理"

684. 事后控制的优点有(　　)。

A. 方法简便　　　　　　　　　B. 费用低

C. 控制工作量小　　　　　　　D. 本期损失可以挽回

E. "实时"控制

685. 生产调度工作制度有(　　)。

A. 调度值班制度　　　　　　　B. 调度会议制度

C. 领导责任制度　　　　　　　D. 现场调度制度

E. 调度报告制度

686. 企业资源计划生产控制模块的主要内容有（   ）。

    A. 主生产计划   B. 能力需求计划

    C. 生产现场控制   D. 物料需求计划

    E. 电子商务系统

687. 编制企业生产计划可以采用的指标有（   ）。

    A. 产品价格   B. 产品品种

    C. 产品产量   D. 产品产值

    E. 产品质量

688. 根据生产管理的自身特点，生产控制方式有（   ）。

    A. 螺旋控制   B. 360度控制

    C. 事前控制   D. 事中控制

    E. 事后控制

689. 物料需求计划（MRP）的主要输入信息包括（   ）。

    A. 在制品净生产计划   B. 库存处理信息

    C. 车间的生产作业计划   D. 主生产计划

    E. 物料清单

690. 企业库存量过小导致（   ）。

    A. 订货（生产）成本提高

    B. 流动资金被大量占用

    C. 订货间隔期缩短，订货次数增加

    D. 生产系统原材料或其他物料供应不足

    E. 服务水平的下降，影响销售利润和企业信誉

691. 广义上生产作业控制通常包括（   ）。

    A. 在制品控制   B. 库存控制

    C. 生产计划控制   D. 生产进度控制

    E. 生产调度

692. 生产控制的目的主要有（   ）。

    A. 保证产品产量的最大化   B. 保证生产过程协调地进行

    C. 保证以最少的人力完成生产任务   D. 保证以最少物力完成生产任务

    E. 保证产品生产计划的科学编制

693. 下列因素中，影响设备组生产能力的有（   ）。

    A. 时间定额   B. 订单数量

    C. 产量定额   D. 单位设备有效工作时间

    E. 设备数量

刷进阶   高频进阶·强化提升

694. 企业资源计划（ERP）生产控制模块的主要内容有（   ）。

    A. 供应链管理系统   B. 主生产计划

    C. 物料需求计划   D. 能力需求计划

E. 生产现场控制

695. 单件小批生产企业在安排产品生产进度时应注意(　　)。
    A. 优先安排延期罚款多的订单
    B. 优先安排国家重点项目的订单
    C. 优先安排生产周期长、工序多的订单
    D. 优先安排原材料价值和产值低的订单
    E. 优先安排交货期紧的订单

696. 在企业确定生产规模,编制长远规划和确定扩建、改建方案,采取重大技术措施时,以(　　)依据。
    A. 设计生产能力　　　　　　　　　　B. 查定生产能力
    C. 计划生产能力　　　　　　　　　　D. 预期生产能力
    E. 现实生产能力

697. 在大量流水线生产条件下,当上一流水线的节拍与下一流水线的节拍相等时,在制品包括(　　)。
    A. 工艺在制品　　　　　　　　　　　B. 周转在制品
    C. 运输在制品　　　　　　　　　　　D. 设计在制品
    E. 保险在制品

第六章　物流管理

扫我做试题

刷 基 础

698. 下列选项中,属于物流活动的有(　　)。
    A. 装卸与搬运　　　　　　　　　　　B. 运输
    C. 配送　　　　　　　　　　　　　　D. 生产
    E. 包装

699. 企业仓储管理的主要任务有(　　)。
    A. 加速资金周转　　　　　　　　　　B. 合理储备材料
    C. 降低物料成本　　　　　　　　　　D. 保管仓储物资
    E. 重视员工培训

700. 下列属于企业采购功能的有(　　)。
    A. 生产成本控制功能　　　　　　　　B. 生产供应控制功能
    C. 产品质量控制功能　　　　　　　　D. 调节供给需求功能
    E. 促进产品开发功能

701. 下列属于企业销售物流管理目标的有(　　)。
    A. 在适当的交货期,准确地向顾客发送商品
    B. 合理设置仓库和配送中心,保持合理的商品库存
    C. 实施"延迟"策略

D. 维持合理的物流费用

E. 与渠道成员建立双赢的合作策略

702. 多品种大批量型生产把大批量与定制两个方面有机结合起来，实现了(   )的有机
结合。

A. 低成本

B. 客户的个性化

C. 高效率

D. 专业化生产

E. 大批量生产

703. 物流管理是(   )的管理。

A. 静态

B. 动态

C. 全要素

D. 单要素

E. 全过程

704. 按照物料在生产工艺过程中的流动特点，企业生产物流可分为(   )。

A. 大量生产物流

B. 单件生产物流

C. 成批生产物流

D. 连续型生产物流

E. 离散型生产物流

705. 下列属于推进式模式下企业生产物流管理特点的有(   )。

A. 在管理手段上，大量运用计算机系统

B. 在生产物流的组织上，以物料为中心

C. 强调物流平衡，追求零库存

D. 在生产物流计划编制和控制上，围绕物料转化组织制造资源

E. 以最终用户的需求为生产起点

706. 企业生产物流的基本特征主要有(   )。

A. 间断性、滞后性

B. 平行性、交叉性

C. 比例性、协调性

D. 均衡性、节奏性

E. 柔性、适应性

707. 根据生产过程中的不同阶段分类，库存包括(   )。

A. 原材料库存

B. 成品库存

C. 安全库存

D. 零部件库存

E. 半成品库存

708. 下列关于推进式和拉动式企业生产物流管理模式的说法，正确的有(   )。

A. 推进式模式是以 MRP 技术为核心的企业生产物流管理模式

B. 推进式管理生产物流实际上做不到按需生产

C. 推进式模式下物流和信息流是结合在一起的

D. 拉动式生产物流可以真正做到按需生产

E. 对物流平衡的无限追求是拉动式模式的核心所在

709. 企业生产物流的基本特征有(   )。

A. 均衡性

B. 准时性

C. 比例性

D. 连续性

E. 跳跃性

710. 企业生产物流管理的目标有(   )。

A. 效率性目标　　　　　　　　　B. 经济性目标

C. 适应性目标　　　　　　　　　D. 组织性目标

E. 准时性目标

711. 下列指标中，可以反映企业销售物流效率的有(　　　)。

A. 销售物流的合理物流率　　　　B. 经济效率

C. 准确完成物流率　　　　　　　D. 完成一次销售的周期和时间

E. 迅速物流及时率

刷 进 阶 ⋯⋯⋯⋯⋯⋯⋯⋯⋯⋯⋯⋯⋯⋯⋯⋯⋯⋯⋯⋯ 高频进阶·强化提升

712. 关于企业销售物流的客户满意度评价指标，下列表述正确的有(　　　)。

A. 货物到达客户手中的及时率=1−货物没有及时送达客户的次数÷送货总次数

B. 货物发送的正确率=货物正确送达客户手中的次数÷送货总次数

C. 货物出现损伤的频率=1−货物发送的完好率

D. 客户的投诉率=客户的总数÷投诉的客户数量

E. 问题的处理率=问题得到解决的顾客的数量÷出现投诉的顾客的总数

713. 订单录入是指在订单实际履行前所进行的各项工作，主要包括(　　　)。

A. 核对订货信息的准确性

B. 检查所需的商品是否可得

C. 如有必要，准备补交订货单或取消订单的文件

D. 审核客户信息

E. 发票的准备和邮寄

714. 关于多品种小批量型生产物流特征的说法，正确的有(　　　)。

A. 物料被加工的重复程度介于单件生产和大量生产之间，一般采用混流生产

B. 使用 MRP 实现物料相关需求的计划，以 JIT 实现客户个性化特征对生产过程中物料、零部件、成品需求的拉动

C. 物料的消耗定额很难确定，所以成本不容易降低

D. 对制造过程中物料的供应商有较强的选择要求，所以外部物流的协调很难控制

E. 生产过程原材料、在制品占用的物流量大

715. 下列属于企业供应物流的基本流程的有(　　　)。

A. 取得资源　　　　　　　　　　B. 跟踪订单

C. 组织到厂物流　　　　　　　　D. 组织厂内物流

E. 物料验收

716. 企业采购管理的特征有(　　　)。

A. 企业采购管理是从资源市场获取资源的过程

B. 企业采购管理是信息流、商流和物流相结合的过程

C. 企业采购管理是一种经济活动

D. 企业采购管理是一种技术活动

E. 企业采购管理是促进产品开发的过程

717. 在丰田精益生产方式中，看板的功能主要包括(　　　)。

A. 提升员工满意度　　　　　　　B. 实施目视管理

    C. 防止过量运送　　　　　　　　D. 防止过量生产

    E. 显示生产以及运送的工作指令

718. 货架方式是使用通用和专用的货架进行货物堆码的方式，这种堆码方式的优点有（　　）。

    A. 简便　　　　　　　　　　　　B. 减少差错

    C. 加快存取　　　　　　　　　　D. 适用范围较宽

    E. 提高仓库的利用率

第七章　技术创新管理

扫 我 做 试 题

刷　基　础　　　　　　　　　　　　　　　　　　　　　　紧扣大纲·夯实基础

719. 原始创新的本质属性有（　　）。

    A. 新颖性　　　　　　　　　　　　B. 原创性

    C. 第一性　　　　　　　　　　　　D. 渐进性

    E. 根本性

720. 用矩阵分析技术组合时采用的维度包括（　　）。

    A. 技术先进性　　　　　　　　　　B. 技术重要性

    C. 技术复杂性　　　　　　　　　　D. 技术相对竞争地位

    E. 技术兼容性

721. 关于企业联盟中的平行模式，下列说法正确的有（　　）。

    A. 没有盟主，没有核心企业

    B. 通常会建立联盟协调委员会

    C. 共同制定运作规则，共同寻找市场

    D. 各企业有高度的自主权，合作伙伴地位平等、独立

    E. 适用于对存在某一市场机会的产品的联合开发以及出于长远考虑的企业间战略合作

722. 技术创新决策的定性评估方法中，评分法的特点有（　　）。

    A. 确定项目的评价标准或因素比较灵活，可以根据项目的实际情况而确定

    B. 权重的确定比较容易和灵活

    C. 便于对项目进行排序比较

    D. 既可以考虑财务指标，又可以包括非财务因素

    E. 能提供和比较不同结果出现的可能性

723. 关于企业联盟的说法，正确的有（　　）。

    A. 星形模式的企业联盟由盟主负责协调和冲突仲裁

    B. 平行模式的企业联盟适用于垂直供应链型企业

    C. 平行模式的企业联盟采用自发性协调机制

    D. 联邦模式的企业联盟核心团队由具有核心能力的企业联合组成

    E. 联邦模式的企业联盟成员地位平等、独立

724. 下列选项属于管理创新外部动因的有(　　)。
 A. 社会文化环境的变迁　　　　　　B. 经济的发展变化
 C. 自然条件的约束　　　　　　　　D. 科学技术的发展
 E. 自我价值的实现

725. 关于项目地图法中各种类型项目的说法,正确的有(　　)。
 A. 对于白象型项目,企业应终止或排除
 B. 珍珠型项目是企业长期竞争优势的源泉
 C. 牡蛎型项目是企业快速发展的动力
 D. 牡蛎型项目预期收益较高、技术成功概率高
 E. 面包和黄油型项目是企业短期现金流的来源基础

726. 我国承认并以法律形式加以保护的主要知识产权有(　　)。
 A. 著作权　　　　　　　　　　　　B. 专利权
 C. 名誉权　　　　　　　　　　　　D. 商标权
 E. 商业秘密

727. 某企业需要对项目组合进行综合分析和权衡,该企业可采用的方法有(　　)。
 A. 矩阵法　　　　　　　　　　　　B. 轮廓图法
 C. 检查清单法　　　　　　　　　　D. 动态排序列表法
 E. 项目地图法

728. 下列属于企业技术创新的内部组织模式的有(　　)。
 A. 企业技术中心　　　　　　　　　B. 新事业发展部
 C. 内企业　　　　　　　　　　　　D. 企业联盟
 E. 技术创新小组

729. 关于技术跟随战略的说法,正确的有(　　)。
 A. 技术来源以模仿、引进为主
 B. 技术开发重点是工艺技术
 C. 市场开发的重点是开拓一个全新的市场
 D. 投资重点是生产、销售
 E. 优势能力在于生产销售能力

730. 管理创新的主要阶段包括(　　)。
 A. 发现及界定问题　　　　　　　　B. 寻求创新方案
 C. 评估和决策创新方案　　　　　　D. 实施及评价
 E. 聘请外部专家

731. 企业技术创新的内部组织模式有(　　)。
 A. 内企业　　　　　　　　　　　　B. 企业—政府模式
 C. 技术创新小组　　　　　　　　　D. 新事业发展部
 E. 企业联盟

732. 技术创新企业联盟的组织运行模式主要有(　　)。
 A. 事业部模式　　　　　　　　　　B. 星形模式
 C. 直线模式　　　　　　　　　　　D. 平行模式
 E. 联邦模式

733. 关于自主研发、合作研发和委托研发的说法，正确的有（　　）。
    A. 自主研发资金负担较小
    B. 合作研发可分散风险
    C. 委托研发对提高本企业的技术能力作用不大
    D. 委托研发商品化的速度较慢
    E. 自主研发有助于企业形成自己独特的技术或产品

734. 关于技术创新的说法，错误的有（　　）。
    A. 技术创新具有一体化趋势　　　　B. 技术创新是高风险活动
    C. 技术创新只是一种技术行为　　　D. 技术创新不具有外部性
    E. 技术创新时间具有差异性

735. 世界贸易组织的知识产权协议（TRIPS）列举的知识产权包括（　　）。
    A. 商标权　　　　　　　　　　　　B. 专利权
    C. 版权　　　　　　　　　　　　　D. 未披露过的信息专有权
    E. 科学发现权

736. 从研发主体及技术来源看，企业研发常用的模式有（　　）。
    A. 自主研发　　　　　　　　　　　B. 合作研发
    C. 研发外包　　　　　　　　　　　D. 应用研发
    E. 联合研发

737. 企业技术创新的外部组织模式有（　　）。
    A. 产学研联盟　　　　　　　　　　B. 企业—政府模式
    C. 技术创新小组　　　　　　　　　D. 新事业发展部
    E. 企业联盟

738. 下列关于选择技术领先战略与跟随战略时考虑因素的表述正确的有（　　）。
    A. 领先战略要求技术开发能力很强　B. 跟随战略要求生产销售能力要较强
    C. 跟随战略的投资大、风险大　　　D. 跟随战略是要争取超越领先者
    E. 技术越不易复制，后续开发越快，领先的持久性就越好，因此具备持续开发能力

739. 基于技术创新的新颖程度将技术创新分为（　　）。
    A. 工艺创新　　　　　　　　　　　B. 集成创新
    C. 引进、消化吸引再创新　　　　　D. 渐进性创新
    E. 根本性创新

740. 下列属于管理创新的特点的有（　　）。
    A. 基础性　　　　　　　　　　　　B. 全员性
    C. 效益性　　　　　　　　　　　　D. 动态性
    E. 系统性

741. 技术创新中产学研联盟的主要模式有（　　）。
    A. 校内产学研合作模式　　　　　　B. 双向联合体合作模式
    C. 企业与企业进行联盟　　　　　　D. 中介协调型合作模式
    E. 政府投资，企业组织人才，进行技术开发，将研发出的先进技术转卖给企业

742. 与技术跟随战略相比，技术领先战略的特征有（　　）。
    A. 风险和收益相对较小　　　　　　B. 技术来源以自主开发为主

C. 市场开发重点是挤占他人市场   D. 技术开发的重点是工艺技术

E. 投资重点是技术及市场开发

743. 根据技术来源的不同，可以将企业技术创新战略分为(   )。

A. 自主创新战略   B. 模仿创新战略

C. 合作创新战略   D. 进攻型战略

E. 防御型战略

744. 下列属于管理方式方法创新包括的情况的有(   )。

A. 采用一种新的管理手段   B. 实行一种新的管理方式

C. 提出一种新的资源利用措施   D. 任用一个新的领导

E. 采用一种更有效的业务流程

745. 关于技术创新的说法，正确的有(   )。

A. 不同层次的技术创新所需时间存在差异

B. 技术创新是一种经济行为

C. 技术创新是一项低风险的活动

D. 技术创新表现出明显的国际合作趋势

E. 技术创新具有较强的负外部性

746. 与技术领先战略相比，技术跟随战略的特征有(   )。

A. 技术开发的重点是产品技术   B. 技术来源以模仿引进为主

C. 市场开发重点是开拓新市场   D. 投资重点是生产与销售

E. 风险和收益相对较小

747. 现阶段，我国国家创新体系建设的重点有(   )。

A. 建设以企业为主体、产学研结合的技术创新体系，并将其作为全面推进国家创新体系建设的突破口

B. 建设科学研究与高等教育有机结合的知识创新体系

C. 建设军民结合、寓军于民的国防科技创新体系

D. 建设各具特色和优势的区域创新体系

E. 建设加大农业科技的创新体系

748. 世界知识产权组织界定的知识产权包括(   )。

A. 关于集成电路布图设计的权利   B. 关于未披露信息的权利

C. 关于科学发现的权利   D. 关于工业品外观设计的权利

E. 关于文学、艺术和科学作品的权利

749. 下列属于产学研联盟模式中中介协调型合作模式特点的有(   )。

A. 合作紧凑规范，风险低

B. 合作期限长潜力大，收益明显

C. 可以广泛收集产学研合作的供需信息，多形式传播信息

D. 主动牵线搭桥，以中介人的身份协调各方分歧

E. 可以提供某种形式的担保，负责信息真实性的调查与利益分割等

第八章　人力资源规划与薪酬管理

扫我做试题

刷 基 础

750. 人力资源信息中，外部环境信息包括（　　）。

A. 企业人力资源现状
B. 企业发展战略
C. 行业经济形势
D. 技术发展趋势
E. 劳动力市场供求状况

751. 下列绩效考核内容中，属于绩效考核项目的有（　　）。

A. 开拓创新能力
B. 组织指挥能力
C. 沟通协调能力
D. 工作业绩
E. 工作态度

752. 绩效考核是对客观行为及其结果的主观评价，容易出现误差，导致误差的原因有（　　）。

A. 晕轮效应
B. 从众心理
C. 偏见效应
D. 鲶鱼效应
E. 近期效应

753. 常用的人力资源内部供给预测方法有（　　）。

A. 德尔菲法
B. 人员核查法
C. 马尔可夫模型
D. 管理人员接续计划法
E. 管理人员判断法

754. 企业对员工绩效考核的项目主要包括（　　）。

A. 工作目标
B. 工作业绩
C. 工作职能
D. 工作能力
E. 工作态度

755. 下列属于绩效工资主要形式的有（　　）。

A. 月/季度浮动薪酬
B. 绩效调薪
C. 工时制
D. 特殊绩效认可计划
E. 计件制

756. 与直接薪酬相比，福利具有的自身独特优势包括（　　）。

A. 形式灵活多样，可以满足员工不同的需要
B. 福利具有税收方面的优惠，可以使员工得到更多的实际收入
C. 在提高员工工作绩效方面的效果比直接薪酬明显
D. 福利具有典型的保健性质，可以减少员工的不满意
E. 企业来集体购买某种福利产品，具有规模效应，可以为员工节省一定的支出

757. 下列关于员工持股制度的表述正确的有（　　）。

A. 员工持股制度是一种企业向内部员工提供公司股票所有权的制度，是利润分享的

重要形式

　　B. 员工所持有的股份都是企业无偿分配的

　　C. 员工持股制度是将年终分享利润以股票的形式发放给员工

　　D. 股票期权是员工持股制度的一种重要表现形式

　　E. 股票期权和持有股票的共同点是都可以激励持有者的长期化行为

758. 绩效就其范围而言，不包括(　　　　)。

　　A. 企业绩效 　　　　　　　　　　B. 部门绩效

　　C. 政府的绩效 　　　　　　　　　D. 员工个人绩效

　　E. 企业领导的绩效

759. 常用的绩效考核方法主要有(　　　　)。

　　A. 职位登记法 　　　　　　　　　B. 民主评议法

　　C. 书面鉴定法 　　　　　　　　　D. 比较法

　　E. 关键事件法

760. 企业确定薪酬浮动率时要考虑的因素主要有(　　　　)。

　　A. 本企业的薪酬支付能力 　　　　B. 同一行业其他企业同种职位的薪酬标准

　　C. 本企业各薪酬等级自身的价值 　D. 本企业各薪酬等级之间的价值差异

　　E. 本企业各薪酬等级的重叠比率

761. 影响企业薪酬管理的员工个人因素主要包括(　　　　)。

　　A. 员工所处的职位 　　　　　　　B. 员工的绩效表现

　　C. 员工的工作年限 　　　　　　　D. 企业的发展阶段

　　E. 劳动力市场状况

762. 企业人力资源规划中劳动关系计划的目标主要有(　　　　)。

　　A. 降低非期望离职率 　　　　　　B. 改善劳动关系

　　C. 减少投诉和争议 　　　　　　　D. 改善企业文化

　　E. 明确员工培训数量及类别

763. 某企业决定以职位为导向重新设计基本薪酬，其可采用的方法有(　　　　)。

　　A. 职位等级法 　　　　　　　　　B. 职位分类法

　　C. 关键绩效指标法 　　　　　　　D. 因素比较法

　　E. 计点法

764. 影响企业外部人力资源供给的因素有(　　　　)。

　　A. 本地区劳动力市场的供求状况 　B. 行业劳动力市场供求状况

　　C. 宏观经济形势和失业率预期 　　D. 本企业生产和财务状况

　　E. 职业市场状况

765. 下列属于影响绩效的主观因素的有(　　　　)。

　　A. 激励 　　　　　　　　　　　　B. 环境

　　C. 政策 　　　　　　　　　　　　D. 知识

　　E. 能力

刷 进 阶 ┄┄┄┄┄┄┄┄┄┄┄┄┄┄┄┄┄　高频进阶·强化提升

766. 从员工的角度，薪酬具有的功能有(　　　　)。

A. 增值功能
B. 保障功能
C. 激励功能
D. 调节功能
E. 改善用人活动功效的功能

767. 下列薪酬形式中，适用于群体激励的有（　　）。
A. 住房公积金
B. 月/季度浮动薪酬
C. 计件工资
D. 利润分享计划
E. 员工持股制度

768. 宽带型薪酬结构的作用体现在（　　）。
A. 支撑了高耸型组织结构的运行
B. 有利于促进职位轮换与调整
C. 引导员工重视个人技能的增长和能力的提高
D. 有利于员工适应劳动力市场的供求变化
E. 有利于管理人员及人力资源专业人员的角色转变

769. 一般来说影响企业薪酬管理各项决策的因素主要有（　　）。
A. 企业外部因素
B. 企业内部因素
C. 员工个人因素
D. 自然环境因素
E. 技术环境因素

770. 确定薪酬浮动率时要考虑的主要因素有（　　）。
A. 劳动力市场的供求状况
B. 员工个人意愿
C. 管理者个人意愿
D. 企业的薪酬支付能力
E. 各薪酬等级自身的价值

771. 企业进行基本薪酬制度设计时，常用的方法有（　　）。
A. 职位等级法
B. 职位分类法
C. 关键绩效指标法
D. 目标管理法
E. 计点法

772. 在进行企业人力资源需求预测时，应考虑的影响因素有（　　）。
A. 企业未来某个时期的生产经营任务及其对人力资源的需求
B. 预期的员工流动率及由此引起的职位空缺规模
C. 企业的财务资源对人力资源需求的约束
D. 企业生产技术水平的提高和组织管理方式的变革对人力资源需求的影响
E. 职业市场状况

773. 下列绩效考核工作中，属于绩效考核实施阶段的工作的有（　　）。
A. 绩效考核评价
B. 选择考核者
C. 确定考核方法
D. 明确考核标准
E. 进行绩效沟通

774. 绩效作为一种工作结果和工作行为具有的特点包括（　　）。
A. 多因性
B. 多维性
C. 变动性
D. 静态性
E. 复杂性

775. 人力资源信息中，内部环境信息包括（　　）。

A. 教育培训情况　　　　　　　　B. 企业经营计划

C. 宏观经济形势　　　　　　　　D. 产品市场竞争状况

E. 人口和社会发展趋势

776. 企业人力资源规划中人员使用计划的目标主要有(　　　)。

　　A. 优化部门编制　　　　　　　　B. 加强职务轮换

　　C. 促进员工个人发展　　　　　　D. 改善企业文化

　　E. 明确补充人员的数量及类别

777. 企业人力资源规划的制定步骤包括(　　　)。

　　A. 收集信息,分析企业经营战略对人力资源的要求

　　B. 进行人力资源需求与供给预测

　　C. 制定人力资源总体规划和各项具体计划

　　D. 人力资源规划实施与效果评价

　　E. 完善、修改人力资源规划

778. 下列绩效考核活动中,属于绩效考核准备阶段的有(　　　)。

　　A. 选择考核者　　　　　　　　　B. 明确考核标准

　　C. 进行绩效沟通　　　　　　　　D. 明确考核方法

　　E. 绩效考核评价

779. 下列薪酬形式中,适用于个人激励的有(　　　)。

　　A. 绩效奖金　　　　　　　　　　B. 员工持股制度

　　C. 利润分享计划　　　　　　　　D. 收益分享计划

　　E. 特殊绩效认可计划

第九章　企业投融资决策及并购重组

扫我做试题

刷 基 础 .... 紧扣大纲·夯实基础

780. 按并购的实现方式划分,企业并购可分为(　　　)。

　　A. 协议并购　　　　　　　　　　B. 要约并购

　　C. 二级市场并购　　　　　　　　D. 杠杆并购

　　E. 非杠杆并购

781. 决定综合资本成本率的因素包括(　　　)。

　　A. 边际资本成本率　　　　　　　B. 个别资本成本率

　　C. 各种资本结构　　　　　　　　D. 股利率

　　E. 利息率

782. 使用收益法对企业价值进行评估的具体方法有(　　　)。

　　A. 每股利润分析法　　　　　　　B. 现金流量折现法

　　C. 股利折现法　　　　　　　　　D. 净现值法

　　E. 目标成本法

783. 初始现金流量中，其他投资费用是指与长期投资有关的（   ）。
    A. 职工培训费
    B. 谈判费
    C. 注册费用
    D. 建造成本
    E. 运输成本

784. 如果控股股东以其对子公司的股权抵偿对子公司的债务，则会使子公司（   ）。
    A. 其他应收款增加
    B. 股东权益增加
    C. 资产负债率提高
    D. 负债减少
    E. 总股本减少

785. 根据股利折现模型，影响普通股资本成本率的因素有（   ）。
    A. 股票行权价格
    B. 扣除筹资费用的融资额
    C. 股利水平
    D. 普通股股数
    E. 企业所得税收

786. 股权资本包括（   ）。
    A. 银行借款
    B. 优先股
    C. 普通股
    D. 留用利润
    E. 企业债券

787. 按并购的实现方式划分，企业并购分为（   ）。
    A. 杠杆并购
    B. 协议并购
    C. 要约并购
    D. 非杠杆并购
    E. 二级市场并购

788. 企业进行筹资决策时，需要计算的成本有（   ）。
    A. 直接人工成本
    B. 营业成本
    C. 个别资本成本
    D. 综合资本成本
    E. 直接材料成本

789. 下列投资决策评价指标中，属于贴现现金流量指标的有（   ）。
    A. 投资回收期
    B. 平均报酬率
    C. 内部报酬率
    D. 获利指数
    E. 净现值

790. N 公司将所持资产注入 M 公司，M 公司可用（   ）作为购买该笔资产的方式。
    A. 现金
    B. 股权
    C. 公益金
    D. 库存
    E. 资本公积

791. 现代资本结构理论包括（   ）。
    A. 代理成本理论
    B. 动态权衡理论
    C. 啄序理论
    D. 净收益理论
    E. 净营业收益理论

刷 进 阶   高频进阶·强化提升

792. 企业所得税会直接影响（   ）资本成本率水平。
    A. 长期借款
    B. 长期债券

C. 配售普通股　　D. 发行普通股
E. 发行优先股

793. 对单项资产风险进行衡量的环节包括（　　）。
A. 确定概率分布　　B. 计算期望报酬率
C. 计算标准离差　　D. 计算资本成本率
E. 计算标准离差率

794. 货币的时间价值率是扣除（　　）因素后的平均资产利润率。
A. 资本市场平均报酬　　B. 投资必要报酬
C. 无风险报酬　　D. 通货膨胀
E. 风险报酬

795. 下列关于货币的时间价值的表述，正确的有（　　）。
A. 货币的时间价值是财务决策的基础
B. 货币的时间价值是客观存在的经济范畴
C. 时间价值额是一定数额的资金与时间价值率的和
D. 货币的时间价值又称资金的时间价值，是指货币随着时间的推移而发生的增值
E. 货币的时间价值原理正确地揭示了不同时点上的资金之间的换算关系

796. 如果一家盈利上市公司的债权人转成了公司的股东，即实施了债转股，由此会使该公司（　　）。
A. 利息支出减少　　B. 债务比率降低
C. 股本减少　　D. 应收账款周转率降低
E. 存货周转率降低

第十章　电子商务

扫我做试题

刷基础　　　　　　　　　　　　紧扣大纲·夯实基础

797. 实现电子商务的最底层网络硬件基础设施包括（　　）。
A. 远程通信网　　B. 有线电视网
C. 无线通信网　　D. 电网
E. 互联网

798. 电子货币的功能有（　　）。
A. 转账结算　　B. 储蓄
C. 兑现　　D. 保值增值
E. 消费贷款

799. 下列选项中，属于电子商务特点的有（　　）。
A. 决策迅速化　　B. 市场全球化
C. 交易虚拟化　　D. 服务个性化
E. 运作高效化

81

800. 网络市场直接调研的方法有（　　　）。

  A. 网上观察法　　　　　　　　　　B. 专题讨论法

  C. 在线问卷法　　　　　　　　　　D. 网上数据库

  E. 网上实验法

801. 电子商务对企业管理模式的影响主要有（　　　）。

  A. 企业内部构造了内部网、数据库　B. 企业管理宽松化

  C. 员工权利扩大　　　　　　　　　D. 组织流程"并行"

  E. 企业管理由集权制向分权制转换

802. 网络营销的特点有（　　　）。

  A. 跨时域性　　　　　　　　　　　B. 个性化

  C. 技术性　　　　　　　　　　　　D. 超前性

  E. 高投入性

803. 下列选项中，属于电子商务功能的有（　　　）。

  A. 广告宣传　　　　　　　　　　　B. 网上订购

  C. 网络调研　　　　　　　　　　　D. 交易管理

  E. 物流配送

刷进阶

804. 某房地产开发商开展电子商务战略，其电子商务平台可以实现的功能有（　　　）。

  A. 网络调研　　　　　　　　　　　B. 网上订购

  C. 维修服务　　　　　　　　　　　D. 咨询洽谈

  E. 电子支付

805. 使用最多的网络市场直接调研方法有（　　　）。

  A. 专题讨论法　　　　　　　　　　B. 在线问卷法

  C. 网上观察法　　　　　　　　　　D. 网上实验法

  E. 网上数据库

806. 企业电子商务系统设计与开发的主要任务包括（　　　）。

  A. 网站设计　　　　　　　　　　　B. 数据库设计

  C. 组织结构设计　　　　　　　　　D. 功能设计

  E. 流程设计

807. 从结构层次的角度看，电子商务系统的框架结构包括（　　　）。

  A. 物流层　　　　　　　　　　　　B. 客户关系层

  C. 网络层　　　　　　　　　　　　D. 信息发布（传输）层

  E. 一般业务服务层

808. 搜索引擎营销的主要方法有（　　　）。

  A. 竞价排名　　　　　　　　　　　B. 分类目录登录

  C. 付费搜索引擎广告　　　　　　　D. 网站链接策略

  E. 图片与软文

第十一章 国际商务运营

809. 下列属于降低成本导向型动机主要情况的有(　　)。

A. 分散和减少企业所面临的各种风险

B. 为了突破外国贸易保护主义的限制而到国外投资设厂

C. 出于利用国外廉价的劳动力和土地等生产要素方面的考虑

D. 出于利用各国关税税率的高低来降低生产成本方面的考虑

E. 获取和利用国外先进的技术、生产工艺、新产品设计和先进的管理理念和方法

810. 下列属于国际直接投资动机的有(　　)。

A. 市场导向型动机　　　　　　　B. 环境导向型动机

C. 降低成本导向型动机　　　　　D. 技术与管理导向型动机

E. 优惠政策导向型动机

811. 国际化经营的市场进入模式包括(　　)。

A. 出口模式　　　　　　　　　　B. 认证模式

C. 投资模式　　　　　　　　　　D. 合同模式

E. 并购模式

812. 下列属于跨国公司特征的有(　　)。

A. 战略具有全球性　　　　　　　B. 在全球战略指导下进行集中管理

C. 在全球战略指导下进行分散管理　D. 具有明显的内部化优势

E. 经营手段以直接投资为基础

813. 国际直接投资企业的建立方式有新建和并购,其中并购的优点有(　　)。

A. 可以利用目标企业现有的生产设备、技术人员和熟练工人

B. 可以准确评估被并购企业的财务真实情况

C. 可以利用目标企业原有的销售渠道,较快地进入当地以及他国市场

D. 可以减少市场上的竞争对手

E. 通过跨行业的并购活动,可以迅速扩大经营范围和扩充经营地点

814. 根据使用技术的地域范围和使用权的大小,许可贸易可以分为(　　)。

A. 独占许可　　　　　　　　　　B. 商标许可

C. 交叉许可　　　　　　　　　　D. 分许可

E. 专利许可

815. 相对分公司而言,跨国公司设立的子公司的特点有(　　)。

A. 不是一个独立的法人实体　　　B. 有独立的名称,章程和管理机构

C. 自负盈亏　　　　　　　　　　D. 没有自己独立的财产权

E. 可以自己的名义开展业务

816. 下列属于出口型进入模式弊端的有(　　)。

　　A. 出口对营销活动的控制较差

　　B. 出口同国际生产相比，缺少灵活性和发展潜力

　　C. 减少国内就业、降低国家外汇收入、降低本国企业的国际竞争力

　　D. 出口往往得不到进口国政府的配合，屡屡遭受反倾销等贸易保护主义限制

　　E. 用出口模式来实现低成本优势受到越来越多国家的抵制，严重时还可能导致民族冲突和恶性事件的发生

817. 国际贸易货物中商品的质量可以用说明的方式来表示，下列描述正确的有(　　)。

　　A. 凭规格买卖　　　　　　　　　　B. 看货买卖

　　C. 凭等级买卖　　　　　　　　　　D. 凭标准买卖

　　E. 凭说明书买卖

818. 国际海运中，租船运输方式包括(　　)。

　　A. 定程租船　　　　　　　　　　　B. 班轮租船

　　C. 定期租船　　　　　　　　　　　D. 期租船

　　E. 航次租船

819. 进口索赔的对象包括(　　)。

　　A. 买方　　　　　　　　　　　　　B. 卖方

　　C. 承运人　　　　　　　　　　　　D. 保险人

　　E. 投保人

820. 下列国际贸易术语中，适用任何运输方式的有(　　)。

　　A. FCA　　　　　　　　　　　　　B. FOB

　　C. CIP　　　　　　　　　　　　　D. DAP

　　E. CPT

刷 案例分析题

第一章　企业战略与经营决策

扫我做试题

刷冲关　　　　　　　　　　　　　　　　　　　　　　举一反三·高效提优

（一）

某洗衣机生产企业通过行业分析发现，洗衣机市场已经趋于饱和，销售额难以增长，行业内部竞争异常激烈，中小企业不断退出，行业由分散走向集中。该企业一方面加强内部成本控制，以低成本获得竞争优势；另一方面，该企业积极研发新型产品，推出具有特色的内衣洗衣机，受到消费者的青睐。与此同时，为了扩大企业利润，该企业积极进军手机行业，推出自主品牌的手机产品。新型手机产品方案共有甲产品、乙产品、丙产品和丁产品四种可供选择。每种产品方案均存在着畅销、一般、滞销三种市场状态，对于市场状态及损益值如下表所示。（单位：万元）。

市场状态　损益值　产品	畅销	一般	滞销
甲产品	520	400	−270
乙产品	500	350	−200
丙产品	450	300	−150
丁产品	400	250	80

821. 根据该企业的行业分析，洗衣机行业目前处于行业生命周期的（　　）。
　　A. 形成期　　　　　　　　　　　　B. 成长期

C. 成熟期   D. 衰退期

822. 该企业目前实施的战略是(　　)。

    A. 差异化战略   B. 成本领先战略

    C. 一体化战略   D. 多元化战略

823. 若采用折中原则进行决策(最大值系数 $\alpha=0.75$)，则该企业应采用的方案为(　　)。

    A. 甲产品   B. 乙产品

    C. 丙产品   D. 丁产品

824. 若该企业采用定性决策方法进行新产品决策，可以选用的方法有(　　)。

    A. 德尔菲法   B. 杜邦分析法

    C. 哥顿法   D. 名义小组技术法

（二）

某农场通过大规模的并购活动，兼并多家同类型农场，农产品的种植规模和产量得到大幅度提高。高质量的产品和低廉的价格为该农场赢得了市场的肯定，成为国内多家知名食品生产企业的原料供应商。在充分分析行业竞争结构的基础上，该农场决定将业务范围扩大到农产品的深加工领域，进行儿童食品的生产。2018 年拟推出一种儿童果汁饮品，目前有生产 A、B、C、D 四种不同果汁的备选方案可供选择。未来市场状况存在畅销、一般和滞销三种可能，但各种情况发生的概率难以测算。在市场调查的基础上，该农场对四种备选方案的损益值进行了预测，在不同市场状态下的损益值如下表所示(单位：万元)。

市场状态 方案 损益值	畅销	一般	滞销
生产 A 果汁	60	40	20
生产 B 果汁	70	30	15
生产 C 果汁	80	40	10
生产 D 果汁	100	50	−30

825. 该农场实施的战略为(　　)。

    A. 前向一体化战略   B. 多元化战略

    C. 横向一体化战略   D. 后向一体化战略

826. 该农场所在行业中普遍存在着多种竞争力量，根据"五力模型"，这些竞争力量包括行业内现有企业间的竞争、新进入者的威胁、替代品的威胁以及(　　)。

    A. 购买者的谈判能力   B. 行业主管部门的影响力

    C. 供应者的谈判能力   D. 行业协会的影响力

827. 如果根据后悔值原则进行决策，则该农场获得最大经济效益的方案为(　　)。

    A. 生产 A 果汁   B. 生产 B 果汁

    C. 生产 C 果汁   D. 生产 D 果汁

828. 该农场利用核心竞争力分析法分析企业内部环境时，核心竞争力的特征有(　　)。

    A. 异质性   B. 持久性

    C. 价值性   D. 周期性

（三）

某手机公司随着业务范围的不断扩大，不仅在手机行业站稳了脚跟，而且通过兼并、联合等形式，进入了计算机、网络、软件等领域，但仍以手机行业业绩突出，并不断针对不同类型人群，推出具有独特功能和款式的新型手机。今年该公司拟推出一款新功能手机，备选样式有 A、B、C 三种，未来市场状况存在畅销、一般和滞销三种可能，但各种情况发生的概率难以测算。在市场调查的基础上，公司对这三种样式手机的损益状况进行了预测，在不同市场状态下的损益值如下表所示（单位：万元）。

某公司 A、B、C 三种样式手机经营损益表

市场状态 方案　　损益值	畅销	一般	滞销
A 型	50	40	10
B 型	70	50	0
C 型	80	60	−10

829. 该公司所实施的经营战略是（　　）。

　　A. 差异化战略　　　　　　　　　　B. 非相关多元化战略

　　C. 成本领先战略　　　　　　　　　D. 相关多元化战略

830. 若因某件重大事故的出现，导致该公司必须采取紧缩战略，其可以采用的战略类型有（　　）。

　　A. 转向战略　　　　　　　　　　　B. 放弃战略

　　C. 清算战略　　　　　　　　　　　D. 暂停战略

831. 若采用乐观原则计算，使公司获得最大经济效益的手机样式为（　　）。

　　A. A 型　　　　　　　　　　　　　B. B 型

　　C. C 型　　　　　　　　　　　　　D. A 型和 B 型

832. 若采用等概率原则，各方案每种状态的概率分别为 1/3，则该公司应选取的方案为（　　）。

　　A. A 型　　　　　　　　　　　　　B. A 型和 B 型

　　C. C 型　　　　　　　　　　　　　D. B 型和 C 型

（四）

国内某知名电视生产企业采用 SWOT 分析法，分析企业面临的内外部环境，并进行战略选择。该企业不断收购中小电视生产企业，扩大企业生产规模；加强内部成本控制，降低产品价格，成为行业中的成本领先者。同时，该企业针对儿童观看电视的需求，独家推出保护视力的防眩光、不闪式液晶电视，获得了市场的认可和顾客的青睐。该企业拟推出一款新型平板电视，共有甲产品、乙产品、丙产品和丁产品四种产品方案可供选择。每种产品方案均存在着畅销、一般、滞销三种市场状态，三种市场状态发生的概率无法预测。每种方案的市场状态及损益值如下表所示（单位：万元）。

市场状态 方案 损益值	畅销	一般	滞销
甲产品	640	350	−250
乙产品	680	460	−350
丙产品	550	300	−200
丁产品	700	440	−400

833. 采用 SWOT 分析法进行战略选择，WO 战略是指（   ）。
    A. 利用企业优势，利用环境机会　　　B. 利用环境机会，克服企业劣势
    C. 利用企业优势，避免环境威胁　　　D. 克服劣势，避免环境威胁

834. 该企业目前实施的战略为（   ）。
    A. 成本领先战略　　　　　　　　　　B. 差异战略
    C. 横向一体化战略　　　　　　　　　D. 纵向一体化战略

835. 若采用后悔值原则决策，可使该企业获得最大经济效益的方案为生产（   ）。
    A. 甲产品　　　　　　　　　　　　　B. 乙产品
    C. 丙产品　　　　　　　　　　　　　D. 丁产品

836. 该企业此次新产品经营决策属于（   ）。
    A. 确定型决策　　　　　　　　　　　B. 不确定型决策
    C. 风险决策　　　　　　　　　　　　D. 无风险型决策

（五）

某跨国汽车公司 1997 年进入中国市场，业务范围不断扩大，不仅在汽车制造领域站稳脚跟，而且通过并购、联合等多种形式，业务遍及家电、医药、建筑等多个领域。在汽车制造领域，该公司业绩表现尤为突出，不断针对不同类型人群，推出具有独特功能和款式的新型号汽车，占领不同领域消费市场，市场占有率大幅提升。今年该公司拟推出一款新功能车型，备选车型共有 A、B、C 三种。未来市场状况存在畅销、一般和滞销三种可能，但各种情况发生的概率难以测算。在市场调查的基础上，公司对三种型号汽车的损益状况进行了预测，在不同市场状态下的损益值如下表所示（单位：万元）。

某公司 A、B、C 三型汽车经营损益表

市场状态 方案 损益值	畅销	一般	滞销
A 型汽车	600	400	100
B 型汽车	700	600	0
C 型汽车	800	500	−200

837. 该公司所实施的经营战略为（   ）。
    A. 成本领先战略　　　　　　　　　　B. 差异化战略
    C. 集中战略　　　　　　　　　　　　D. 多元化战略

838. 若采用折中原则计算（最大值系数 α＝0.7），生产 C 型汽车能使公司获得的经济效益为

（　　）万元。

A. 450　　　　　　　　　　　　B. 490

C. 500　　　　　　　　　　　　D. 550

839. 若采用后悔值原则计算，使公司获得最大经济效益的车型为（　　）。

A. A 型汽车　　　　　　　　　B. B 型汽车

C. C 型汽车　　　　　　　　　D. B 型汽车和 C 型汽车

840. 该公司的这项经营决策属于（　　）。

A. 确定型决策　　　　　　　　B. 不确定型决策

C. 风险型决策　　　　　　　　D. 组合型决策

（六）

某房地产公司今年正式进军制药行业，成立了药业子公司。该子公司准备生产新药，有甲药、乙药和丙药三种产品方案可供选择。每种新药均存在着市场需求高、市场需求一般、市场需求低三种市场状态。每种方案的市场状态及其概率、损益值如下表所示。

市场状态 损益值 方案	市场需求高 0.3	市场需求一般 0.5	市场需求低 0.2
生产甲药	45 万元	20 万元	−15 万元
生产乙药	35 万元	15 万元	5 万元
生产丙药	30 万元	16 万元	9 万元

841. 该房地产公司实施的战略属于（　　）。

A. 纵向一体化战略　　　　　　B. 横向一体化战略

C. 相关多元化战略　　　　　　D. 非相关多元化战略

842. 关于该药业子公司所面对的决策状态的说法，正确的是（　　）。

A. 该种决策不存在风险

B. 该种决策存在多种市场状态，各种市场状态发生的概率可以估计

C. 该种决策可借助数学模型进行准确的决策判断

D. 该种决策可以采用决策树分析法进行决策

843. 若该药业子公司选择生产甲药方案，则可以获得（　　）万元收益。

A. 20.5　　　　　　　　　　　B. 19.0

C. 18.8　　　　　　　　　　　D. 16.6

844. 该药业子公司采用了期望损益决策法进行决策，这种方法的第一步是（　　）。

A. 列出决策损益表　　　　　　B. 确定决策目标

C. 预测市场状态　　　　　　　D. 拟订可行方案

（七）

某汽车生产企业通过联合生产形式与外国某世界 500 强汽车公司建立战略联盟，获得良好的市场效果。为降低企业生产成本，该企业进军汽车配件行业，自主生产和供应汽车配件；同时，为扩大企业利润，该企业建立手机事业部，推出自主品牌的新型手机，通过预测，手机市场存在畅销、一般、滞销三种市场状态，新型手机的生产共有

甲、乙、丙、丁四种方案可供选择，每种方案的市场状态及损益值如下表所示（单位：万元）。

市场状态 方案 损益值	畅销	一般	滞销
甲	430	300	50
乙	440	350	−100
丙	500	390	−120
丁	530	380	−220

845. 该企业与世界500强汽车公司建立的战略联盟是（　　）。
    A. 技术开发与研究联盟　　　　　　B. 产品联盟
    C. 营销联盟　　　　　　　　　　　D. 产业协调联盟

846. 目前该企业实施的战略是（　　）。
    A. 多元化战略　　　　　　　　　　B. 成本领先战略
    C. 前向一体化战略　　　　　　　　D. 后向一体化战略

847. 采用折中原则进行决策（乐观系数为 0.75），则该企业应采用的手机生产方案为（　　）。
    A. 甲　　　　　　　　　　　　　　B. 乙
    C. 丙　　　　　　　　　　　　　　D. 丁

848. 若采用后悔值原则进行决策，则企业生产手机应采用的方案为（　　）。
    A. 甲　　　　　　　　　　　　　　B. 乙
    C. 丙　　　　　　　　　　　　　　D. 丁

（八）

某餐厅为满足不同年龄段人群，推出老年健康套餐、减肥营养套餐、成长助力套餐，得到顾客的广泛好评。现在该餐厅计划再推出一款套餐，目前有 A、B、C、D 四种方案可供选择。未来市场状态存在畅销、一般和滞销三种可能，但各种情况发生的概率难以测算。该餐厅预测不同市场状态下的损益值如下表所示（单位：万元）。

市场状态 方案 损益值	畅销	一般	滞销
A 方案	90	50	20
B 方案	70	50	30
C 方案	80	60	−10
D 方案	50	30	0

849. 该餐厅实施的战略是（　　）。
    A. 成本领先战略　　　　　　　　　B. 差异化战略
    C. 集中战略　　　　　　　　　　　D. 战略联盟

850. 以下属于密集型成长战略的形式的是（　　）。

A. 市场渗透   B. 市场开发

C. 新产品开发   D. 相关多元化

851. 根据后悔值原则进行决策,该餐厅获得最大经济效益的方案为( )。

     A. A 方案   B. B 方案

     C. C 方案   D. D 方案

852. 根据折中原则进行决策(最大值系数 $\alpha = 0.75$),A 方案能使该餐厅获得经济效益为( )万元。

     A. 50   B. 60

     C. 72.5   D. 80

(九)

某大型饼干生产企业采取密集型的成长战略,不断挖掘和提升自身竞争优势,获得快速发展。该企业采用 7S 模型分析其战略过程,统筹各种资源和要素,有利保障了企业战略措施顺利实施。为开发中老年饼干市场,该企业采用定性决策和定量决策相结合的方法进行健胃饼干的新产品经营决策。该企业共有甲饼干、乙饼干、丙饼干、丁饼干四种产品方案可供选择。每种饼干产品均存在着市场需求高、市场需求一般、市场需求低三种市场状态,对应市场状况及损益值(单位:百万元)如下表所示。

损益值 \ 市场状态	市场需求高	市场需求一般	市场需求低
甲饼干	58	36	15
乙饼干	49	32	21
丙饼干	47	30	25
丁饼干	53	33	19

853. 若该企业采用定性决策的方法进行新产品决策,可以选用的方法为( )。

     A. 盈亏平衡点法   B. 哥顿法

     C. 德尔菲法   D. 名义小组技术

854. 企业实施密集型成长战略,可选择的具体战略形式为( )。

     A. 转向战略   B. 新产品开发战略

     C. 市场渗透战略   D. 市场开发战略

855. 该企业采用 7S 模型进行战略过程分析时,需要分析的"硬件"要素为( )。

     A. 战略   B. 结构

     C. 制度   D. 共同价值观

856. 若该企业采用后悔值原则进行决策,应选择的方案为( )。

     A. 甲饼干   B. 乙饼干

     C. 丙饼干   D. 丁饼干

第三章　市场营销与品牌管理

刷冲关 ▸▸▸

（十）

甲企业生产经营冰箱、电视、空调、油烟机四类产品，每一类产品冠以不同的品牌。目前，该企业决定开发一种智能热水器，经测算，生产这种热水器的年固定成本为24 000万元，年变动成本为16 000万元，成本加成率为20%，预计年销售量为20万台。智能热水器上市后，该企业为热水器冠以全新的品牌名称。为在短期内获得高额利润，决定将智能热水器的价格定得较高，并且给予经销商折扣："5/10，N/45"，与此同时，该企业积极开展促销活动，通过电视，网络等媒介实施付费宣传，在大型商场开设陈列柜台、进行现场表演，并且冠名赞助电视综艺节目，向公众推介其智能热水器，扩大品牌影响力。

857. 智能热水器上市后，甲企业产品组合宽度为（　　）。

　　A. 3　　　　　　　B. 4　　　　　　　C. 5　　　　　　　D. 6

858. 智能热水器上市后，甲企业采用的定价策略为（　　）。

　　A. 温和定价策略　　　　　　　　B. 产品线定价策略

　　C. 市场渗透定价策略　　　　　　D. 撇脂定价策略

859. 甲企业利用现场表演的方式吸引顾客使用的促销策略是（　　）。

　　A. 广告　　　　　　　　　　　　B. 人员推销

　　C. 销售促进　　　　　　　　　　D. 公共关系

860. 根据成本加成定价法，甲企业智能热水器的价格为（　　）元/台。

　　A. 4 800　　　　B. 2 400　　　　C. 4 000　　　　D. 2 000

（十一）

某公司推出一种与该公司刀片配套的专用剃须刀，品质优良，销路甚佳，因此虽然其刀片价格较其他品牌的昂贵一些，但销量仍大大增加。现该公司已开发一种新型剃须刀，需对其进行定价。经测算，该新型剃须刀的总投资为300万元，固定成本为180万元，单位可变成本为120元，预计销售量为6万个。产品上市后，该公司拟从所愿意经销其产品的中间商中挑选几个最合适的中间商来销售其产品，先将其产品供应给零售商，再由零售商销售给消费者。

861. 该公司采用的产品定价策略是（　　）。

　　A. 备选产品定价策略　　　　　　B. 附属产品定价策略

　　C. 产品线定价策略　　　　　　　D. 副产品定价策略

862. 若采用成本加成定价法，加成率为30%，该企业新型剃须刀的单价是（　　）元。

　　A. 150　　　　B. 156　　　　C. 160　　　　D. 195

863. 若采用目标利润定价法，预期投资收益率为20%，该公司新型剃须刀的单价是（　　）元。

A. 130　　　　　　B. 150　　　　　　　C. 156　　　　　　D. 160

864. 该公司生产剃须刀属于(　　)。

　　A. 便利品　　　　B. 选购品　　　　　C. 特殊品　　　　D. 非渴求品

（十二）

某玩具企业生产经营高、中、低三种价格档次的玩具，高档、中档玩具的价格分别为100元、60元。现在开发一种低档玩具，对低档玩具进行定价。经测算，低档玩具的总投资为150万元，年固定成本为35万元，单位可变成本为15元。预计销售量5万个。产品上市后，该企业拟通过尽可能多的批发商、零售商推销其产品，先将产品供应给批发商，再由批发商将产品供应给零售商并销售给最终顾客。

865. 该企业采用的产品定价策略是(　　)。

　　A. 备选产品定价策略　　　　　　　　B. 附属产品定价策略

　　C. 产品线定价策略　　　　　　　　　D. 副产品定价策略

866. 若采用成本加成定价法，加成率为30%，该企业低档玩具的单价是(　　)元。

　　A. 26.4　　　　B. 26.6　　　　C. 28.4　　　　D. 28.6

867. 若采用目标利润定价法，预期投资收益率为30%，该企业低档玩具的单价是(　　)元。

　　A. 40　　　　　B. 32　　　　　C. 31　　　　　D. 35

868. 关于该企业采取的分销渠道，渠道畅通性评估中(　　)是指商品在渠道流通环节停留的时间。

　　A. 商品周转速度　　　　　　　　　　B. 货款回收速度

　　C. 销售回款率　　　　　　　　　　　D. 商品周转率

（十三）

某计算机软件生产商开发了一种新产品，总投资为500万元，固定成本为200万元，单位可变成本为220元，预计销售量为5万个。产品上市后，该开发商拟从所愿意经销其产品的中间商中挑选几个最合适的中间商来销售其产品，先将其产品供应给零售商，再由零售商销售给消费者。某零售商对该产品的对外售价为380元，如果同时购买10个以上者，单价为330元。

869. 若采用成本加成定价法，加成率为20%，该生产商新产品的单价是(　　)元。

　　A. 260　　　　B. 280　　　　C. 312　　　　D. 384

870. 给企业造成市场机会和环境威胁的主要社会力量，间接影响企业营销活动的各种环境因素之和的是(　　)。

　　A. 宏观环境　　　　　　　　　　　　B. 微观环境

　　C. 社会文化环境　　　　　　　　　　D. 政治法律环境

871. 下列选项中不属于分销渠道参与者的是(　　)。

　　A. 供应商　　　　B. 生产者　　　　C. 中间商　　　　D. 消费者

872. 常用的渠道成员激励方法有(　　)。

　　A. 沟通激励　　　　　　　　　　　　B. 业务激励

　　C. 扶持激励　　　　　　　　　　　　D. 薪酬激励

（十四）

由于读者对图书的需求是多方面的，图书市场往往呈现较强的异质性。而在我国图书市场，图书品种多而不精、泛而不深的现状已难以满足读者多方面的需要。一方面大的书城的图书经营品种不断增加，另一方面读者很难买到自己真正需要的图书。某图书生产企业要销售一种图书，该图书的单位生产成本为20元，预计销售5万册，希望销售收益率为20%。

873. 某个大型图书零售企业的决策者，为了提高企业的竞争能力，获取竞争优势，在选择图书目标市场时，应优先采取的战略是（　　）。
    A. 无差异营销战略　　　　　　　　B. 差异性营销战略
    C. 密集性营销战略　　　　　　　　D. 集中性营销战略

874. 如果对图书市场进行细分，应考虑的变量有（　　）。
    A. 地理　　　　　B. 人口　　　　　C. 消费者心理　　　　D. 用户规模

875. 根据成本加成定价法，该图书生产企业销售该图书的价格为（　　）元。
    A. 20　　　　　B. 24　　　　　C. 36　　　　　D. 40

876. 若该图书生产企业采用需求导向定价法，可使用的具体方法有（　　）。
    A. 认知价值定价法　　　　　　　　B. 需求差别定价法
    C. 随行就市定价法　　　　　　　　D. 密封投标定价法

（十五）

某儿童玩具企业生产经营10种军事系列，8种城市系列，15种公主系列，6种森林系列玩具。其中，森林系列玩具分为高中低三种价格档次，价格分别为300元、100元和30元。目前该企业拟开发一种遥控玩具的投资额为400万元，年固定成本为120万元，年变动成本为100万元，目前年收益率为20%，年销售量为6万个，遥控玩具上市后，该企业为迅速占领市场，决定将遥控玩具的定价低于同类产品，并且给予经销商折扣，购货超过200个，单价下调10%。

877. 该企业开发生产遥控玩具前，产品组合的长度为（　　）。
    A. 39　　　　B. 33　　　　C. 4　　　　D. 1

878. 该企业对森林系列玩具采用的产品定价策略为（　　）。
    A. 备选产品定价策略　　　　　　　B. 副产品定价策略
    C. 产品线定价策略　　　　　　　　D. 附属产品定价策略

879. 根据目标利润定价法，该企业遥控玩具的目标价格为（　　）元。
    A. 50　　　　B. 70　　　　C. 120　　　　D. 40

880. 遥控玩具上市后，该企业采用的定价策略为（　　）。
    A. 温和定价策略　　　　　　　　　B. 产品线定价策略
    C. 撇脂定价策略　　　　　　　　　D. 市场渗透定价策略

（十六）

某企业生产新型护眼灯的投资额为5 000万元，固定成本为3 000万元，单位可变成本为120元。该企业将新型护眼灯的目标价格定位150元/个，与市场中领导品牌的价格相当。新型护眼灯上市后与最强的竞争对手展开直接竞争，市场反响热烈，市场份额逐步提高。为了进一步提高销量，该企业一方面调整营销渠道，从众多批发商中挑选出5家销售新型护眼灯，再由批发商销售给零售商，最后由零售商销售给消费者。另一方面，该企业开展促销活动，通过电视、报纸、网络等渠道大量投放广告，向消费者大力宣传其产品，吸引消费者购买。

881. 根据目标利润定价法，若该企业护眼灯预期投资收益率为30%，则其目标利润为（   ）万元。

    A. 5 000   B. 6 000   C. 1 500   D. 4 500

882. 该企业采用的促销策略是（   ）。

    A. 广告   B. 人员推销

    C. 销售促进   D. 公共关系

883. 该企业作为护眼灯的供应方，其消除渠道差距的方法包括（   ）。

    A. 改变当前渠道成员的角色   B. 利用新的分销技术降低成本

    C. 对市场进行细分   D. 引进新的分销专家

884. 该企业为新型护眼灯采用的广告促销组合策略是（   ）。

    A. 推动策略   B. 销售促进策略

    C. 拉引策略   D. 人员推动策略

第五章　生产管理

扫 我 做 试 题

刷 冲 关

举一反三·高效提优

（十七）

生产企业生产一种产品，其生产计划部门运用提前期法来确定产品在各车间的生产任务。装配车间是生产该种产品的最后车间，产品的平均日产量为20台，2020年10月份应出产到2 500号。该种产品在机械加工车间的出产提前期为40天，生产周期为40天。假定各车间的生产保险期为0天。

885. 该企业运用提前期法编制生产作业计划，可以推测该企业属于（   ）类型企业。

    A. 单件小批生产   B. 随意生产

    C. 成批轮番生产   D. 大量生产

886. 该机械加工车间2020年10月份出产产品的累计号为（   ）。

    A. 3 300   B. 2 900   C. 3 500   D. 3 000

887. 该机械加工车间2020年10月份投入的累计号为（   ）。

    A. 4 100   B. 4 300   C. 3 875   D. 4 200

888. 该企业运用提前期法编制生产作业计划，该方法的优点为（   ）。

    A. 可以用来检查零部件生产的成套性

    B. 提高生产安全性

    C. 各个车间可以平衡地编制作业计划

    D. 可以自动修改生产任务

（十八）

某企业大批量生产某种单一产品，该企业为了编制下年度的年度、季度计划，正进行生产能力核算工作。该企业全年制度工作日为250天，两班制，每班有效工作时间为7.5小时。已知：某车工车间共有机床20台，该车间单件产品时间定额为1小时；某钳工车间生产面积 145 平方米，每件产品占用生产面积 5 平方米，该车间单件产品时间定额为 1.5 小时。

889. 该企业所核算生产能力的类型是（　　）。
A. 计划生产能力
B. 查定生产能力
C. 设计生产能力
D. 混合生产能力

890. 影响该企业生产能力的因素是（　　）。
A. 固定资产的折旧率
B. 固定资产的生产效率
C. 固定资产的工作时间
D. 固定资产的数量

891. 该车工车间的年生产能力是（　　）件。
A. 60 000　　　　　B. 70 000　　　　　C. 72 500　　　　　D. 75 000

892. 该企业应采用（　　）类指标为编制生产计划的主要内容。
A. 产品价格　　　B. 产品质量　　　C. 产品产量　　　D. 产品产值

（十九）

某企业生产甲、乙、丙、丁四种产品。各种产品在铣床组的台时定额分别是 40 小时、50 小时、20 小时、80 小时。铣床组共有铣床 12 台，每台铣床的有效工作时间为 4 400 小时。甲、乙、丙、丁四种产品计划年产量分别为 1 500 台、1 200 台、2 400 台、900 台，对应的总产量的比重分别为 0.25、0.2、0.4、0.15。该企业采用假定产品法进行多品种生产条件下铣床组生产能力核算，得出生产假定产品的能力为 1 320 台。

893. 假定产品的台时定额是（　　）小时。
A. 55　　　　　B. 35　　　　　C. 30　　　　　D. 40

894. 铣床组生产甲产品的能力为（　　）台。
A. 198　　　　　B. 330　　　　　C. 264　　　　　D. 528

895. 该企业采用假定产品法计算生产能力，则推断企业可能的生产特征是（　　）。
A. 产品劳动量差别小
B. 产品工艺差别小
C. 产品结构差别大
D. 产品订单量差别大

896. 影响该铣床组生产能力的因素有（　　）。
A. 铣床的体积
B. 铣床组的台时定额
C. 铣床组的有效工作时间
D. 铣床组拥有铣床的数量

（二十）

某汽车企业生产 12-5 型号汽车，年产量 20 000 台，每台 12-5 型号汽车需要 B1-007 型号齿轮 1 件。该企业年初运用在制品定额法来确定本年度车间的生产任务，相关信息及数据见下表。

在制品定额计算表

产品名称	12-5 型号汽车
产品产量（台）	20 000
零件编号	B1-007
零件名称	齿轮
每辆件数（个）	1

续表

	1	出产量（台）	20 000
装配车间	2	废品及损耗（台）	500
	3	期末在制品定额（台）	8 000
	4	期初预计在制品结存量（台）	2 000
	5	投入量（台）	
B1-007型号齿轮零件库	6	半成品外售量（个）	1 000
	7	库存半成品定额（个）	4 000
	8	期初预计结存量（个）	3 000
齿轮加工车间	9	出产量（个）	

897. 该企业所采用的在制品定额法适合于（　　）类型企业。

  A. 单件小批生产　　　　　　　　B. 成批轮番生产

  C. 大批大量生产　　　　　　　　D. 单件生产

898. 该企业确定车间投入和出产数量计划时，应按照（　　）计算方法。

  A. 物流流程　　　　　　　　　　B. 营销渠道

  C. 工艺正顺序　　　　　　　　　D. 工艺反顺序

899. 该类型的企业可以采用的期量标准有（　　）。

  A. 节拍　　　　　　　　　　　　B. 生产间隔期

  C. 生产提前期　　　　　　　　　D. 流水线的标准工作指示图表

900. 装配车间的投入量是（　　）台。

  A. 30 500　　　B. 26 500　　　C. 25 500　　　D. 14 500

（二十一）

某企业的产品生产按照工艺顺序需连续经过甲车间、乙车间、丙车间、丁车间的生产才能完成。该企业运用在制品定额法来编制下一个生产周期的生产计划。在下一个生产周期，各车间生产计划如下：丁车间出产量为2 000件，计划允许废品及损耗量为50件，期末在制品定额为300件，期初预计在制品结存量为150件，丙车间投入量为2 000件，乙车间半成品外销量为1 000件，期末库存半成品定额为400件，期初预计库存半成品结存量为200件。

901. 该企业运用在制品定额法编制生产作业计划，可以推出该企业的生产类型属于（　　）类型。

  A. 单件生产　　　　　　　　　　B. 小批量生产

  C. 成批轮番生产　　　　　　　　D. 大批大量生产

902. 丁车间下一个生产周期的投入量是（　　）件。

  A. 1 600　　　B. 1 960　　　C. 2 200　　　D. 2 300

903. 乙车间下一个生产周期的出产量是（　　）件。

  A. 3 000　　　B. 3 200　　　C. 3 600　　　D. 4 500

904. 该企业应最后编制（　　）的生产作业计划。

  A. 甲车间　　B. 乙车间　　　C. 丙车间　　　D. 丁车间

（二十二）

某机电生产企业生产单一机电产品，其生产计划部门运用提前期法来确定机电产品在各车间的生产任务。甲车间是生产该种机电产品的最后车间，2018 年 11 月份应生产到 3 000 号，产品的平均日产量为 100 台。该种机电产品在乙车间的出产提前期为 20 天，生产周期为 10 天。假定各车间的生产保险期为 0 天。

905. 该企业运用提前期法编制生产作业计划，可以推测该企业属于（ ）类型企业。

    A. 单件生产   B. 大量生产

    C. 成批轮番生产   D. 小批量生产

906. 乙车间 2018 年 11 月份出产产品的累计号是（ ）。

    A. 4 600 号   B. 5 000 号   C. 4 800 号   D. 5 500 号

907. 乙车间 2018 年 11 月份投入生产的累计号是（ ）。

    A. 5 500 号   B. 5 600 号   C. 8 800 号   D. 6 000 号

908. 该企业运用提前法编制生产作业计划，优点是（ ）。

    A. 可以用来检查零部件生产的成套性

    B. 生产任务可以自动修改

    C. 提高生产质量

    D. 各个车间可以平地编制作业计划

第六章　物流管理

扫我做试题

刷冲关

举一反三·高效提优

（二十三）

某工厂每年需消耗煤 100 000 吨，每吨煤的价格为 1 200 元，每吨煤的年保管费率为 4%，单次订货成本为 6 000 元。假设煤的价格不因采购数量的不同而产生折扣。

909. 该工厂应将采购来的煤以（ ）的方式进行保管。

    A. 散堆   B. 货架堆放   C. 成组堆放   D. 垛堆

910. 该工厂采购煤的经济订购批量为（ ）吨。

    A. 5 000   B. 6 000   C. 7 000   D. 8 000

911. 该工厂在保管煤的过程中需对其进行（ ）检查。

    A. 数量   B. 安全   C. 形状   D. 购买渠道

912. 该工厂对煤进行保管时应遵循的主要原则有（ ）。

    A. 效率原则   B. 经济原则

    C. 预防为主原则   D. 质量第一原则

第七章 技术创新管理

扫我做试题

刷 冲 关

（二十四）

甲企业拟引进乙企业的某项技术发明专利，经专家调查评估，类似技术实际交易价格为1 000万元，该技术发明的技术经济性能修正系数为1.3，时间修正系数为1.2，技术寿命修正系数为1.1。甲企业对该项技术发明价值评估后，与乙企业签订了技术发明专利购买合同。合同约定，甲企业支付款项后，此项技术发明归甲企业所有。甲企业使用该技术发明后，发现该项技术发明对企业技术能力的提高远远大于预期，于是同乙企业签订协议，将该技术研发委托给乙企业。

913. 根据我国专利法，乙企业的该项技术发明的保护期限为（   ）年。

    A. 10   B. 15   C. 20   D. 50

914. 根据市场模拟模型，甲企业购买该项技术发明的评估价格为（   ）万元。

    A. 1 582   B. 1 638   C. 1 696   D. 1 716

915. 技术价值的评估方法中，根据成本模型的基本出发点，（   ）是价格的基本决定因素。

    A. 物质消耗   B. 人力消耗

    C. 技术复杂系数   D. 成本

916. 甲企业将同类技术研发委托给乙企业的研发模式属于（   ）。

    A. 自主研发   B. 项目合作   C. 研发外包   D. 联合开发

（二十五）

甲企业拟引进乙企业的专利技术。经专家评估，该技术能够将甲企业的技术能力大幅提高，该技术的技术性能修正系数为1.15，时间修正系数为1.1，技术寿命修正系数为1.2。经调查，两年前类似技术交易转让价格为50万元。甲企业与乙企业签订合同约定，甲企业支付款项后可以使用该项技术。甲企业使用该技术后，发现对技术能力的提高不及预期，于是同丙企业签订合作协议，将相关技术研发委托给丙企业。技术开发成功后，甲企业于2015年9月17日向国家专利部门提交了发明专利申请，2017年7月20日国家知识产权局授予甲企业该项目技术发明专利权。

917. 采用市场模拟模型计算，甲企业购买该技术的评估价格为（   ）万元。

    A. 58.6   B. 63.7   C. 69.8   D. 75.9

918. 技术价值的评估方法中，（   ）的计算方法是参照市场上已交易过的类似技术的价格，进行适当的修正。

    A. 成本模型   B. 市场模拟模型   C. 效益模型   D. 风险模型

919. 甲企业将技术研发委托给丙企业的研发模式称为（   ）。

    A. 自主研发   B. 项目合作   C. 研发外包   D. 联合开发

920. 关于甲企业该项技术发明专利权有效期的说法，正确的是（   ）。

A. 有效期至 2035 年 9 月 16 日　　　　B. 有效期至 2037 年 7 月 19 日

C. 有效期至 2027 年 7 月 19 日　　　　D. 有效期满后专利权终止

（二十六）

甲企业拟引进乙企业的某项技术发明专利，经专家调查评估，类似技术实际交易价格为 15 万元，该技术发明的技术经济性能修正系数为 1.10，时间修正系数为 1.12，技术寿命修正系数为 1.3。甲企业对该项技术发明价值评估后，与乙企业签订了技术发明专利购买合同。合同约定，甲企业支付款项后，此项技术发明归甲企业所有。甲企业使用该技术发明后，发现该项技术发明对企业技术能力的提高远远大于预期，于是同乙企业签订协议，将同类技术研发委托给乙企业。

921. 根据我国《专利法》，乙企业的该项技术发明的保护期限为（　　）年。

A. 5　　　　　B. 10　　　　　C. 15　　　　　D. 20

922. 根据市场模拟模型，甲企业购买该项技术发明的评估价格为（　　）万元。

A. 23.52　　　　B. 24.02　　　　C. 25.71　　　　D. 26.02

923. 世界贸易组织的《与贸易有关的知识产权协定》中列举的知识产权不包括（　　）。

A. 商标　　　　　　　　　　B. 版权

C. 工业设计　　　　　　　　D. 制止不正当竞争

924. 甲企业将同类技术研发委托给乙企业的研发模式属于（　　）。

A. 自主研发　　　B. 项目合作　　　C. 研发外包　　　D. 联合开发

（二十七）

甲企业为了快速开发出某一高新技术产品，与其他企业形成企业联盟，该联盟由联盟协调委员会协调运作。同时甲企业将其商标、生产技术以及经营管理方式等全盘转让给乙企业使用，乙企业向甲企业每年支付 200 万元。

为了提高生产效率，甲企业拟向一家科研机构购买一项新的生产技术。经预测，该技术可再使用 5 年，采用该项新技术后，甲企业产品价格比同类产品每件可提高 50 元，预计 5 年产品的销量分别为 9 万件、8 万件、6 万件、7 万件、8 万件。根据行业投资收益率，折现率定为 10%，复利现值系数见下表。甲企业对该项技术价值评估后，与该科研机构签订了购买合同。

年份	1	2	3	4	5
复利现值系数	0.909	0.826	0.751	0.683	0.621

925. 甲企业与其他企业结成的企业联盟的组织运行模式属于（　　）。

A. 平行模式　　　B. 联邦模式　　　C. 环形模式　　　D. 星形模式

926. 技术价值的评估方法中，（　　）的基本思路是按技术所产生的经济效益来估算技术的价值。

A. 成本模型　　　　　　　　B. 市场模拟模型

C. 效益模型　　　　　　　　D. 风险模型

927. 根据效益模型，该项新技术的价格为（　　）万元。

A. 1 140.62　　　B. 1 421.15　　　C. 1 452.2　　　D. 1 564.85

928. 两个或两个以上的对等经济实体，为了共同的战略目标，通过各种协议而结成的利益共享、风险共担、要素双向或多向流动的松散型网络组织体称为（　　）。

A. 产学研联盟 B. 企业—政府模式
C. 企业联盟 D. 企业技术中心

（二十八）

甲公司通过市场调查，发现某新产品具有很大的市场潜力，为了获得该市场机会与几个企业建立了战略联盟来联合开发该产品，并规划了长远的战略合作。同时甲公司将其拥有的 项专有技术以许可合同的方式授予乙公司，允许乙公司按照合同约定的条件使用该项技术，制造相应的产品，乙公司向甲公司支付150万元费用。为了提高生产率，甲公司拟向某科研机构购买一项新的生产技术。经调查，2年前技术市场已有类似技术的交易，转让价格为20万元，技术寿命为10年。经专家鉴定和研究发现，该项技术比实例交易技术效果更好，能提高11%的生产率，技术市场的交易价格水平比2年前上升8%，技术寿命周期为15年。经查验专利授权书，拟购买的技术专利申请时间距评估日3年。实例交易技术剩余寿命为8年。甲公司对该项技术价值评估后，与该科研机构签订了购买合同。

929. 甲公司与几个企业结成的企业联盟的组织运行模式属于（　　）。
 A. 平行模式 B. 联邦模式 C. 环形模式 D. 星形模式

930. 该模式的协调机制是（　　）。
 A. 由盟主负责协调和冲突仲裁 B. 自发性协调
 C. 联盟协调委员会 D. 核心团队

931. 技术价值的评估方法中，（　　）的计算方法是参照市场上已交易过的类似技术的价格，进行适当的修正。
 A. 成本模型 B. 市场模拟模型
 C. 效益模型 D. 风险模型

932. 根据市场模拟模型，该项新技术的价格为（　　）万元。
 A. 20.98 B. 28.77 C. 35.96 D. 44.96

第八章　人力资源规划与薪酬管理

扫我做试题

刷 冲 关　　　　　　　　　　　　　　举一反三·高效提优

（二十九）

某企业进行人力资源需求与供给预测。经过调查研究与分析，确认本企业的销售额（单位：万元）和所需销售人员数（单位：人）成正相关关系，并根据过去10年的统计资料建立了一元线性回归预测模型 $y = a + bx$，x 代表销售额，y 代表销售人员数，回归系数 $a = 18$，$b = 0.05$。同时，该企业预计今年销售额将达到1 200万元，明年销售额将达到1 800万元。通过统计研究发现，销售额每增加600万元，需增加管理人员、销售人员和客服人员共30名，新增人员中，管理人员、销售人员和客服人员的比例是2：5：3。

933. 该企业可采用的人力资源内部供给预测的方法是（　　）。
 A. 德尔菲法 B. 转换比率分析法

  C. 一元回归分析法   D. 马尔可夫模型法

934. 影响该企业外部人力资源供给的因素有（ ）。

  A. 本地区的人口总量与人力资源供给率

  B. 本地区的人力资源的总体构成

  C. 宏观经济形势和失业率预期

  D. 企业人才流失率

935. 根据一元回归分析法计算，该企业今年需要销售人员（ ）人。

  A. 58   B. 68   C. 78   D. 98

936. 根据转换比率分析法计算，该企业明年需要增加管理人员（ ）人。

  A. 5   B. 10   C. 25   D. 50

（三十）

某企业准备用自有资金3亿元投资一个项目，现在有A、B两个项目可供选择。据预测，未来市场状况存在繁荣、一般、衰退三种可能性，概率分别为0.1、0.6和0.3，两项投资在不同市场状况的预计年报酬率如下表所示。为了做出正确决定，公司需进行风险评价。

市场状况	发生概率	预计年报酬率	
		A项目	B项目
繁荣	0.1	22	35
一般	0.6	15	12
衰退	0.3	5	-8

937. A项目的期望报酬率为（ ）。

  A. 3.7%   B. 8.3%   C. 12.7%   D. 13.1%

938. A项目期望报酬率的标准离差为（ ）。

  A. 25.97%   B. 5.44%   C. 1.9%   D. 0%

939. 若该企业选择B项目，其风险报酬系数为8%，无风险报酬率为10%，标准离差率为98%，则B项目的投资必要报酬率为（ ）。

  A. 17.8%   B. 17.84%   C. 18.16%   D. 18.2%

940. 如果A、B两个项目的期望报酬率相同，则标准离差小的项目，其（ ）。

  A. 风险大   B. 风险小

  C. 报酬离散程度小   D. 报酬离散程度大

（三十一）

某企业根据人力资源需求与供给状况及相关资料，制定2019年人力资源总体规划和人员接续及升迁计划，经过调查研究，确认该企业的市场营销人员变动矩阵如下表所示。

职务	现有人数	年平均人员调动概率				年平均离职率
		市场营销总监	市场营销经理	市场营销主管	业务员	
市场营销总监	1	0.9				0.1

职务	现有人数	年平均人员调动概率				年平均离职率
		市场营销总监	市场营销经理	市场营销主管	业务员	
市场营销经理	4	0.1	0.8			0.1
市场营销主管	20		0.1	0.7		0.2
业务员	100			0.1	0.7	0.2

941. 该企业对人力资源供给状况进行预测时，可采用的方法是( )。

    A. 杜邦分析法   B. 人员核查法

    C. 关键事件法   D. 管理人员接续计划法

942. 根据马尔可夫模型法计算，该企业 2017 年市场营销主管的内部供给量为( )人。

    A. 6   B. 12   C. 24   D. 28

943. 该企业指定的人员接续及升迁计划属于( )。

    A. 具体计划   B. 总体计划   C. 中期规划   D. 长期规划

944. 影响该企业人力资源外部供给量的因素是( )。

    A. 本行业劳动力平均价格   B. 所属行业的价值链长度

    C. 本地区人力资源总体构成   D. 所在地区劳动力市场供求状况

（三十二）

某企业进行人力资源需求与供给预测。经过调查研究与分析，确认该企业的销售额（单位：万元）和所需要的销售人员数（单位：人）成正相关关系，并根据过去 10 年的统计资料建立了一元线性回归预测模型 $y=a+bx$，x 代表销售额，y 代表销售人员数，回归系数 $a=18$，$b=0.03$。同时，该企业预计 2017 年销售额将达到 1 000 万元，2018 年销售额将达到 1 500 万元。通过统计研究发现，销售额每增加 500 万元，需增加管理人员、销售人员和客服人员共 40 人，新增人员中，管理人员、销售人员和客服人员的比例是 1：7：2。根据人力资源需求与供给情况，该企业制定了总体规划和人员补充计划。

945. 根据一元回归分析法计算，该企业 2017 年需要销售人员( )人。

    A. 20   B. 30   C. 48   D. 64

946. 根据转换比率分析法计算，该企业 2018 年需要增加客服人员( )人。

    A. 8   B. 12   C. 24   D. 32

947. 该企业进行人力资源供给预测时还可以采用的方法有( )。

    A. 网络计划图法   B. 人员核查法

    C. 管理人员接续计划法   D. 马尔可夫模型法

948. 该企业制定人员补充计划时主要应考虑( )。

    A. 补充人员的数量   B. 补充人员的类型

    C. 员工知识技能的改善   D. 优化人员结构

（三十三）

某企业进行人力资源需求与供给预测。通过统计研究发现，销售额每增加 500 万元，需增加管理人员、销售人员和客服人员共 20 人。新增人员中，管理人员、销售人员和客服人员的比例是 1：7：2。该企业预计 2020 年销售额将比 2019 年销售额增加 1 000 万元。根据人力资源需求与供给情况，该企业制定了总体规划和人员补充计划。

949. 根据转换比率分析法计算，该企业 2020 年需要增加管理人员（   ）人。

    A. 4   B. 8   C. 12   D. 28

950. 该企业对工程技术人员供给状况进行预测时，可采用的方法是（   ）。

    A. 人员核查法   B. 马尔可夫模型法

    C. 关键事件法   D. 管理人员接续计划法

951. 影响该企业人力资源外部供给量的因素有（   ）。

    A. 企业人员调动率   B. 企业人才流失率

    C. 本地区人力资源总体构成   D. 行业劳动力市场供求状况

952. 该企业制定人员补充计划主要应考虑（   ）。

    A. 补充人员的数量   B. 职务轮换幅度

    C. 员工知识技能的改善   D. 人员补充的类型

（三十四）

某企业根据人力资源需求与供给状况及相关资料，制定 2019 年人力资源总体规划和人员接续及升迁计划。经过调查研究，确认该企业的市场营销人员变动矩阵如下表所示。

职务	现有人数	年平均人员调动概率				年平均离职率
		市场营销总监	市场营销经理	市场营销主管	业务员	0.1
	1	0.9				0.1
	5	0.1	0.8			0.1
	30		0.1	0.8		0.1
业务员	240			0.1	0.8	0.1

953. 该企业对人力资源需求状况进行预测时，可采用的方法是（   ）。

    A. 杜邦分析法   B. 一元回归分析法

    C. 管理人员判断法   D. 关键事件法

954. 根据马尔可夫模型法计算，该企业 2019 年业务员的内部供给量为（   ）人。

    A. 180   B. 192   C. 216   D. 168

955. 该企业制定的人员接续及升迁计划属于（   ）。

    A. 长期规划   B. 具体计划   C. 总体规划   D. 中期规划

956. 影响该企业人力资源外部供给量的因素是（   ）。

    A. 所在地区人口总量和人力资源供给率

    B. 所在行业劳动力市场供求状况

    C. 所属行业的价值链长度

    D. 所在地区人力资源总体构成

（三十五）

某企业为了加强薪酬管理，决定对现有的薪酬制度进行改革，探索在研发部等专业技术人员较为集中的部门建立宽带薪酬结构，以更好地调动专业技术人员的工作积极性。根据职位评价的结果，该企业共划分了六个薪酬等级；每一薪酬等级又分别划分了若干薪酬级别。各薪酬级别之间的差距是相等的。其中，第四薪酬等级分为四个薪酬级别，第四薪酬等级的薪酬区间中值为5万元/年，薪酬浮动率为10%。

957. 该企业第四薪酬等级的薪酬区间最高值为( )万元/年。

    A. 5.50   B. 5.00   C. 6.52   D. 6.12

958. 该企业第四薪酬等级中的第二薪酬级别的薪酬值为( )万元/年。

    A. 4.83   B. 4.67   C. 5.16   D. 4.52

959. 薪酬浮动率对于调整薪酬水平具有一定的作用，确定薪酬浮动率时要考虑的因素有( )。

    A. 本企业各薪酬等级之间的价值差异

    B. 本企业各薪酬等级自身的价值

    C. 同一行业其他企业同种职位的薪酬标准

    D. 本企业的薪酬支付能力

960. 宽带薪酬结构的最大的特点是( )。

    A. 体现了员工职位评价的结果

    B. 职位等级能够反映出职位的价值差异

    C. 充分考虑了员工在本单位工作的时间

    D. 增大了员工通过技术和能力的提升增加薪酬的可能性

(三十六)

某企业经过调查研究与分析，确认该企业的销售额和所需销售人员成正比，根据过去10年的统计资料建立了一元线性回归预测模型 $y = a + bx$，x 代表销售额，y 代表销售人员数，回归系数 $a = 4.6$，$b = 0.04$。同时该企业现有销售主管25人，预计明年将有5人提升为部门经理，退休3人，辞职6人。此外，该企业明年将从外部招聘4名销售主管，从业务员中提升3人为销售主管。根据人力资源需求与供给情况，该企业制定了劳动关系计划。

请根据上述资料，回答下列问题。

961. 该企业预计明年销售额将达到1 600万元，则该企业约需要销售人员( )人。

    A. 46   B. 52   C. 64   D. 69

962. 假设1年后该企业需新增56人，管理人员、销售人员和客服人员的比例是1:4:2，则1年后该企业需要新增销售人员( )人。

    A. 8   B. 14   C. 16   D. 32

963. 该企业制定劳动关系计划的主要目标有( )。

    A. 降低非期望离职率   B. 改善劳动关系

    C. 优化人员结构及提高绩效目标   D. 减少投诉和争议

964. 采用管理人员接续计划法预测该企业明年销售主管的供给量为( )人。

    A. 11   B. 18   C. 23   D. 32

(三十七)

某企业为了满足业务拓展的需要和充分调动员工的积极性，进行人力资源需求与供给预测，同时，修订本企业的薪酬制度，经过调查研究与分析，确认该企业的销售额和所需销售人员数量成正相关关系，并根据过去十年的统计资料，建立了一元线性回归预测模型，$Y = a + bX$，X 代表销售额(单位：万元)，Y 代表销售人员数量(单位：人)，参数 a=20，b=0.03，同时，该企业预计 2015 年销售额将达到 1 500 万元。

965. 根据一元回归分析法计算，该企业 2015 年需要销售人员（   ）人。

    A. 50   B. 65   C. 70   D. 100

966. 该企业预测人力资源需求时可采用（   ）。

    A. 杜邦分析法   B. 管理人员判断法

    C. 行为锚定法   D. 管理人员接续计划法

967. 影响该企业人力资源外部供给量的因素有（   ）。

    A. 企业人员调动率   B. 企业人才流失率

    C. 企业所在地区人力资源总体构成   D. 企业所处行业劳动力市场供求状况

968. 影响该企业修订薪酬制度的内在因素有（   ）。

    A. 企业的业务性质与内容   B. 企业的经营状况与财力

    C. 企业所处行业的惯例   D. 企业所在地区的生活水平

第九章　企业投融资决策及并购重组

扫我做试题

刷冲关

举一反三·高效提优

（三十八）

某上市公司 2017 年年度财务报告显示，公司的资产合计 30 亿元，公司的负债合计 12 亿元。公司正考虑建设一条新的生产线，总投资 6 亿，公司计划利用留存收益融资 1 亿元，其余 5 亿元通过发行债券筹集。经测算，2017 年无风险报酬率为 4.5%，市场平均报酬率为 12.5%，该公司普通股的风险系数为 1.3。该公司对外筹资全部使用发行债券的方式使公司原有的资本结构发生变化，公司要求财务部门对未来公司资本结构进行优化方案设计。

969. 根据资本资产定价模型，该公司发行普通股的资本成本率为（   ）。

    A. 14.9%   B. 8.0%   C. 17.0%   D. 12.5%

970. 该公司选择发行债券的方式筹集资金 5 亿元，与发行普通股相比较，资本成本率更低，其原因可能是（   ）。

    A. 发行债券后不会带来公司利息支出增加

    B. 发行债券后会带来公司股本增加

    C. 债券资本成本中的利息在公司所得税前列支

    D. 发行债券时公司不会发生发行费用

971. 根据啄序理论，该公司利用留存收益融资的有利之处是（   ）。

    A. 留存收益融资不会传递任何有可能对股价不利的信息

    B. 留存收益融资的资本成本为零

    C. 留存收益融资的用资费用为零

    D. 留存收益具有抵税作用

972. 该公司进行资本结构优化决策，可采用的定量方法（   ）。

    A. 插值法   B. 每股利润分析法

  C. 资本成本比较法   D. 净现值法

（三十九）

  某上市公司已上市 8 年，至 2021 年 12 月 31 日，公司的总资产已达 20 亿元，公司的负债合计为 11 亿元。公司正考虑上一条新的生产线，总投资 6 亿元，计划全部通过外部融资来解决。经测算，2021 年无风险报酬率为 3.8%，市场平均报酬率为 13.5%，该公司股票的风险系数为 1.2，公司债务的资本成本率为 7%。公司维持现有资本结构不变，初步决定总融资额中 2 亿元使用债务融资方式，4 亿元使用公开增发新股的方式。

973. 根据资本资产定价模型，该公司的股权资本成本为（　　）。

  A. 7.64%   B. 14.26%   C. 15.44%   D. 15.9%

974. 假设该公司股权资本成本率为 16%，则该公司的综合资本成本率为（　　）。

  A. 9.9%   B. 10.0%   C. 11.8%   D. 13.0%

975. 如果 6 亿元的外部融资全部是用公开增发新股的融资方式，则该公司（　　）。

  A. 每股收益会被摊薄   B. 大股东控股权会被稀释

  C. 资产负债率会提高   D. 综合资本成本率会提高

976. 如果该公司所得税率提高，则该公司（　　）的资本成本率会降低。

  A. 贷款   B. 债券   C. 增发新股   D. 留存收益

（四十）

  某企业拟开发一种新产品，需要资本总额为 1 000 万元，现有两个筹资组合方案可供选择，两个方案的财务风险相当，都是可以承受的，具体如下表所示。

筹资方式	方案 1		方案 2	
	初始筹资额	资本成本率	初始筹资额	资本成本率
银行借款	300 万元	—	300 万元	—
长期债券	400 万元	10%	500 万元	8%
普通股	300 万元	12%	300 万元	12%

  其中银行借款的利率为 10%，每年付息，到期一次性还本，筹资费率为 2%，企业所得税税率为 25%。

977. 该公司的个别资本成本中，（　　）的成本属于股权资本成本。

  A. 银行借款   B. 长期债券   C. 普通股   D. 留存收益

978. 向银行借款的资本成本率为（　　）。

  A. 1.67%   B. 6.8%   C. 7.65%   D. 13.07%

979. 方案 1 的综合资本成本率为（　　）。

  A. 28.8%   B. 9.3%   C. 9.9%   D. 10.13%

980. 影响该公司筹资决策的因素有（　　）。

  A. 企业要求的报酬率   B. 个别资本成本率

  C. 各种资本结构   D. 筹资总额

（四十一）

  某企业准备用自有资金 2 亿元投资一个项目，现在有 A、B 两个项目可供选择。据预测，未来市场状况存在繁荣、一般、衰退三种可能性，概率分别为 0.2、0.5 和 0.3，两项投资在不同市场状况的预计年报酬率如下表所示。为了做出正确决定，公司需进行风险评价。

市场状况	发生概率	预计年报酬率	
		A 项目	B 项目
繁荣	0.2	20	40
一般	0.5	10	10
衰退	0.3	0	−10

981. A 项目的期望报酬率为（　　）。

　　A. 7%　　　　　B. 9%　　　　　　C. 10%　　　　　　　D. 20%

982. 如果 A、B 两个项目的期望报酬率相同，则标准离差大的项目（　　）。

　　A. 风险大　　　　　　　　　　　B. 风险小

　　C. 报酬离散程度小　　　　　　　D. 报酬离散程度大

983. 如果 A、B 两个项目的期望报酬率不同，则需通过计算（　　）比较两个项目的风险。

　　A. 资本成本率　　　　　　　　　B. 风险报酬系数

　　C. 风险报酬率　　　　　　　　　D. 标准离差率

984. 公司选择风险大的项目进行投资，是为了获取（　　）。

　　A. 更高的风险报酬　　　　　　　B. 更高的货币时间价值

　　C. 更低的债务资本成本　　　　　D. 更低的营业成本

（四十二）

某上市公司 2016 年的营业额为 8 亿元，息税前利润为 2.2 亿元，公司的资产总额为 24 亿元，负债总额为 16 亿元，债务年利息额为 1.1 亿元。公司计划 2017 年对外筹资 3 亿元投资一个新项目，筹资安排初步确定为发行股票筹资 1 亿元，从银行贷款 2 亿元。经过估算，发行股票的资本成本率为 15%，银行贷款的资本成本率为 7%。

985. 该公司 2016 年的财务杠杆系数为（　　）。

　　A. 1.0　　　　　B. 1.3　　　　　C. 1.5　　　　　　　D. 2.0

986. 根据初步筹资安排，3 亿元筹资的综合资本成本率为（　　）。

　　A. 7.55%　　　B. 8.63%　　　　C. 9.67%　　　　　　D. 11.00%

987. 资本成本理论及杠杆理论综合起来研究的目的是（　　）。

　　A. 优化资本结构　　　　　　　　B. 获取营业杠杆利益

　　C. 规避经营风险　　　　　　　　D. 降低代理成本

988. 如果公司提高银行贷款在筹资总额中的比重，则（　　）。

　　A. 公司综合资本成本率会降低

　　B. 公司综合资本成本率会提高

　　C. 公司资产负债率会提高

　　D. 公司资产负债率会降低

（四十三）

某半导体公司正在讨论新建一条生产线项目的可能性。经估算，项目的期望报酬率为 45%，报酬率的标准离差为 15%，项目的经济寿命为 10 年。项目固定资产投资额为

6亿元，固定资产采用直线法折旧，无残值，项目流动资产投资额为0.8亿元。项目建成投产后，预计该项目每年销售收入为1.5亿元，每年固定成本(不含折旧)为0.2亿元，每年总变动成本为0.3亿元，该公司所得税率为25%。

989. 该项目的报酬率的标准离差率是(　　)。

    A. 25.5%　　　　B. 15.5%　　　　C. 33.3%　　　　D. 20.5%

990. 该公司计算报酬率的标准离差率的目的为(　　)。

    A. 估算该项目的综合成本率　　　　B. 估算该项目的风险报酬率

    C. 估算该项目的项目风险　　　　D. 估算该项目的股权资本成本率

991. 该项目的每年净营业现金流量为(　　)万元。

    A. 0.5　　　　B. 0.9　　　　C. 1.2　　　　D. 1.8

992. 该公司可以通过计算(　　)估计项目的真实报酬率。

    A. 内部报酬率　　　　B. 无风险报酬率

    C. 获利指数　　　　D. 净现值

(四十四)

某公司正考虑建设一个新项目。根据市场调查和财务部门测算，项目周期为5年，项目现金流量已估算完毕，公司选择的贴现率为10%，具体数据见项目现金流量表及现值系数表。

项目现金流量表

单位：万元

年份	0	1	2	3	4	5
净现金流量	(1 200)	400	400	400	400	300

现金系数表

年份系数 贴现率	复利现值系数					年金现值系数				
	1	2	3	4	5	1	2	3	4	5
10%	0.909	0.824	0.751	0.683	0.621	0.909	1.736	2.487	3.170	3.791

993. 该项目投资回收期是(　　)年。

    A. 2　　　　B. 3　　　　C. 4　　　　D. 5

994. 该项目的净现值为(　　)万元。

    A. 184.50　　　　B. 208.30　　　　C. 254.30　　　　D. 700.00

995. 该公司运用净现值法进行投资项目决策，其优点是(　　)。

    A. 考虑了资金的时间价值

    B. 有利于对初始投资额不同的投资方案进行比较

    C. 能够反映投资方案的真实报酬率

    D. 能够反映投资方案的净收益

996. 投资回收期只能作为投资决策的辅助指标，其缺点是(　　)。

    A. 该指标没有考虑资金的时间价值

    B. 该指标没有考虑收回初始投资所需时间

    C. 该指标没有考虑回收期满后的现金流量状况

D. 该指标计算繁杂

（四十五）

M 上市公司是著名半导体材料生产企业。公司 2020 年度报告显示，期末资产总额为 20 亿元，负债总额为 10 亿元。M 公司拟新建一条生产线，总投资额为 8 亿元，资金来源是公开增发普通股筹集 7 亿元，利用留存收益筹集 1 亿元。同时，M 公司还计划通过定向发行普通股给 N 公司股东的方式收购 N 公司或吸收合并 N 公司。经测算，M 公司债务的资本成本率为 6%，公司普通股股票的风险系数为 1.2，无风险报酬率为 5.8%，市场平均报酬率为 13.8%。

997. 根据资本资产定价模型，M 公司此次增发普通股筹资的资本成本率为（ ）。

    A. 19.9%   B. 19.8%   C. 15.4%   D. 13.4%

998. M 公司还可以采用（ ）估算普通股的资本成本率。

    A. 股利折现模型   B. 每股利润无差别点模型

    C. 自由现金折现模型   D. 盈亏平衡点模型

999. M 公司用留存收益筹资 1 亿元，这种筹资方式的资本成本的特点是（ ）。

    A. 估算留存收益资本成本不考虑筹资费用

    B. 留存收益资本成本率低于债务资本成本率

    C. 估算留存收益资本成本率需要考虑所得税

    D. 留存收益资本成本率为零

1000. 若 M 公司定向发行普通股给 N 公司股东收购 N 公司，带来的财务影响为（ ）。

    A. M 公司大股东的股份被稀释   B. N 公司股东股本增加

    C. M 公司资本公积减少   D. N 公司长期股权投资增加

参考答案及解析

刷 单项选择题

第一章 企业战略与经营决策

刷基础

1. D 解析▶本题考查企业战略的层次。企业战略一般分为企业总体战略、企业业务战略和企业职能战略三个层次。

2. C 解析▶本题考查波士顿矩阵分析。瘦狗区位于直角坐标轴的左下角，本区的产品业务增长率和市场占有率均较低。

3. A 解析▶本题考查企业愿景的内容。企业愿景包括核心信仰和未来前景两部分。

4. C 解析▶本题考查7S模型。麦肯锡公司提出的7S模型中的软件要素包括共同价值观、人员、技能和风格。

5. D 解析▶本题考查战略控制方法中的财务控制。运用杜邦分析法，企业通过设立产品事业部，并设立投资中心，就可以对企业的战略实施状况进行财务控制。

6. C 解析▶本题考查头脑风暴法的概念。头脑风暴法通过有关专家之间的信息交流，引起思维共振，产生组合效应，从而形成创造性思维。

7. D 解析▶本题考查核心竞争力的特征。企业核心竞争力的特征主要体现在以下方面：价值性、异质性、延展性、持久性、难以转移性和难以复制性。

8. A 解析▶本题考查企业战略的层次。企业总体战略一般是以企业整体为研究对象，研究整个企业生存和发展中的基本问题。该战略属于企业总体战略。

9. B 解析▶本题考查行业生命周期分析。行业生命周期分为四个阶段，即选项A、B、C、D，其中进入第二阶段成长期时，行业产品已较完善，顾客对产品已有认识，市场迅速扩大，企业的销售额和利润迅速增长。同时，有不少后续企业参加进来，行业的规模扩大，所以竞争日趋激烈，那些不成功的企业已开始退出。市场营销和生产管理成为关键性职能。

10. C 解析▶本题考查战略控制的含义。战略控制是指企业战略管理者及参与战略实施者根据战略目标和行动方案，对战略的实施状况进行全面的评审，及时发现偏差并纠正偏差的活动。

11. C　解析▶本题考查企业战略管理的相关内容。企业战略管理的主体是企业战略管理者，所以选项 C 错误。

12. B　解析▶本题考查企业战略实施的步骤。战略变化分析：企业管理人员应当正确分析和判断是企业的原有战略，还是常规的战略变化，或是有限的战略变化，是否需要彻底的战略变化或改变自身的经营方向，进行企业转向。

13. D　解析▶本题考查战略控制的原则。企业战略控制的原则有确保目标原则、适度控制原则、适时控制原则和适应性原则。选项 D 属于不确定型决策方法应遵循的原则。

14. A　解析▶本题考查企业战略实施的模式。指挥型模式的特点在于企业高层领导考虑的是如何制定一个最佳战略。战略制定者要向企业高层领导提交企业战略的方案，企业高层领导经研究后做出决策，确定战略后，向企业管理人员宣布企业战略，然后安排下层管理人员执行。

15. D　解析▶本题考查核心竞争力的体现。能力竞争力：能够保证企业生存和发展以及实施战略的"能力"。对企业能力的研究更强调企业自身的素质，即企业的战略、体制、机制、经营管理、商业模式、团队默契、对环境的适应性、对资源开发控制的能动性以及创新性等。

16. C　解析▶本题考查企业成长战略中的多元化战略。同心型多元化是指以市场或技术为核心的多元化，如一家生产电视机的企业，以"家电市场"为核心生产电冰箱、洗衣机；造船厂在造船业不景气的情况下承接海洋工程、钢结构加工等。

17. C　解析▶本题考查企业外部环境分析的方法。企业可以采用 PESTEL 分析法对企业外部的宏观环境进行战略分析。PESTEL 分析是针对宏观环境的政治（political）、经济（economic）、社会（social）、科技（technological）、生态（environmental）和法律（legal）这六大类影响企业的主要外部环境因素进行分析。

18. C　解析▶本题考查企业稳定战略。当企业在一段较长时间的快速发展后，有可能会遇到一些问题使得效率下降，此时可采用暂停战略，休养生息，即在一段时期内降低企业目标和发展速度，重新调整企业内部各要素，实现资源的优化配置，实施管理整合，为今后更快发展打下基础。

19. B　解析▶本题考查成本领先战略。实施成本领先战略的途径包括：（1）规模效应；（2）技术优势；（3）企业资源整合；（4）经营地点选择优势；（5）与价值链的联系；（6）跨业务相互关系。

20. B　解析▶本题考查企业经营决策的类型。风险型决策也叫统计型决策、随机型决策，是指已知决策方案所需的条件，但每种方案的执行都有可能出现不同的后果，多种后果的出现有一定的概率，即存在着"风险"。

21. B　解析▶本题考查宏观环境分析中的政治环境。政治环境是指制约和影响企业的各种政治要素及其运行所形成的环境系统。题干中的"房地产新政"是由政府通过制定一系列法规来约束房地产市场，因此属于政治环境。

22. D　解析▶本题考查企业战略管理的内涵。企业总体战略的制定和决策是企业高层战略管理者的主要职责，战略的实施和控制是企业中层、基层战略管理者的主要职责，选项 D 错误。

23. A　解析▶本题考查价值链分析。价值链的主体活动包括原料供应、生产加工、成品储运、市场营销和售后服务。价值链的辅助活动包括企业基础职能管理、人力资源管理、技术开发和采购。

24. D　解析▶本题考查后悔值原则的计算。

方案	市场状态　后悔值	畅销	一般	滞销	max
Ⅰ		40	25	0	40
Ⅱ		20	0	5	20
Ⅲ		0	15	20	20
Ⅳ		10	5	10	10

min{40，20，20，10}＝10，对应的方案Ⅳ为选取方案。

25. A　解析▶本题考查差异化战略。差异化战略是通过提供与众不同的产品或服务，满足顾客的特殊需求，从而形成一种独特的优势。

26. B　解析▶本题考查波士顿矩阵分析。瘦狗区位于直角坐标系的左下角。本区的产品业务增长率和市场占有率均较低，这意味着该产品的利润较低，发展前景堪忧，且不能给企业带来充足的现金流。

27. A　解析▶本题考查宏观环境分析中的经济环境。经济环境是指企业所在地区或国家国民经济发展概况，主要包括宏观和微观两个方面。金融危机导致经济衰退，反映的是一国的经济状况，因此属于经济环境。

28. D　解析▶本题考查企业战略的实施。文化型模式是把合作型的参与成分扩大到了企业的较大范围，力图使整个企业人员都支持企业的战略。

29. D　解析▶本题考查紧缩战略。紧缩战略包括转向战略、放弃战略和清算战略。

30. A　解析▶本题考查企业愿景。企业愿景与企业使命是不同的概念，企业愿景回答的是"我是谁"的问题，企业使命回答的是"企业的业务是什么"的问题，选项A错误。

31. B　解析▶本题考查国际市场进入模式。契约进入模式是指企业通过与目标市场国家的企业之间订立长期的、非投资性的无形资产转让合作合同或契约而进入目标国家市场，包括许可证经营、特许经营、合同制造、管理合同等多种形式。

32. A　解析▶本题考查SWOT分析法的SO战略。SO战略是使用优势，利用机会。

33. D　解析▶本题考查企业使命。企业使命的定位通常包括以下三个方面的内容：①企业生存目的的定位。②企业经营哲学的定位。③企业形象的定位。

34. C　解析▶本题考查企业战略的实施。企业战略实施是企业战略管理的关键环节。

35. A　解析▶本题考查企业经营战略的选择。集中战略又称专一化战略，是指企业把其经营活动集中于某一特定的购买群体、产品线的某一部分或某一地区市场上的战略。该制造商针对3岁以下的幼儿设计"幼童速成学习法"玩具系列，属于集中战略。

36. B　解析▶本题考查经营决策方法中的期望值的计算。该产品的期望损益值＝0.3×40＋0.5×30＋0.2×25＝32（万元）。

37. B　解析▶本题考查密集型成长战略的概念。密集型成长战略是指企业在原来的业务领域里，通过加强对原有产品与市场的开发渗透来寻求企业未来发展机会的一种发展战略。

38. B　解析▶本题考查企业经营决策的类型。从环境因素的可控程度分类，经营决策可分为确定型决策、风险型决策和不确定型决策。

39. C **解析▶** 本题考查核心竞争力的特征。延展性是指核心竞争力可以支持企业向多种产品或服务的领域发展，而不只是局限于某一产品或服务领域。

40. D **解析▶** 本题考查企业战略层次。企业职能战略是为实现企业总体战略而对企业内部的各项关键的职能活动做出的统筹安排，是为贯彻、实施和支持总体战略与业务战略而在特定的职能领域内所制定的实施战略，包括生产制造战略、市场营销战略、财务管理战略、人力资源管理战略和研究与开发战略等。题干中"拟定了新的市场营销战略"，可知该企业的此项战略属于企业职能战略。

刷 进 阶

41. B **解析▶** 本题考查企业经营决策的类型。从决策的重要性分类，与企业战略的层次相对应，经营决策可分为企业总体层经营决策、业务层经营决策和职能层经营决策，这三个层次是从高到低、从宏观到微观的关系。

42. B **解析▶** 本题考查等概率原则。等概率原则是指当无法确定某种市场状态发生的可能性大小及其顺序时，可以假定每一市场状态具有相等的概率，并以此计算各方案的期望值，进行方案选择。

43. D **解析▶** 本题考查利润计划轮盘的构成。利润计划轮盘由利润轮盘、现金轮盘和净资产收益率轮盘三部分组成。

44. C **解析▶** 本题考查企业成长战略。市场渗透战略是企业通过更大的市场营销努力，提高现有产品或服务在现有市场上的份额，扩大产销量及生产经营规模，从而提高销售收入和盈利水平。

45. C **解析▶** 本题考查成本领先战略。成本领先战略的核心就是加强内部成本控制，在研究开发、生产、销售、服务和广告等领域把成本降到最低，成为行业中的成本领先者，从而获得竞争优势。

46. B **解析▶** 本题考查价值链分析。辅助活动是指用以支持主体活动而且内部之间又相互支持的活动，包括采购、技术开发、人力资源管理和企业基础职能管理。其他选项属于价值链主体活动。

47. C **解析▶** 本题考查企业战略实施的模式。合作型模式把战略决策范围扩大到企业高层管理集体之中，调动了高层管理人员的积极性和创造性。

48. B **解析▶** 本题考查行业生命周期分析。进入成熟期后，一方面行业的市场已趋于饱和，销售额已难以增长，在此阶段的后期甚至会开始下降；另一方面行业内部竞争异常激烈，企业间的合并、兼并大量出现，许多小企业退出，于是行业由分散走向集中，往往只留下少量的大企业。产品成本控制和市场营销的有效性成为企业成败的关键因素。

49. A **解析▶** 本题考查成本领先战略。成本领先战略又称低成本战略。成本领先战略适用于符合以下条件的企业：(1)大批量生产的企业，产量要达到经济规模，才有较低的成本。(2)企业有较高的市场占有率，严格控制产品定价和初始亏损，从而形成较高的市场份额。(3)企业有能力使用先进的生产设备。先进的生产设备能够提高生产效率，使产品成本进一步降低。(4)企业能够严格控制费用开支，全力以赴地降低成本。

50. A **解析▶** 本题考查贸易进入模式。贸易进入模式的局限性在于：由于信息的不对称，不能及时了解和掌握出口国家当地市场的需求；通过出口商或当地代理商不能彻底贯彻厂家的海外市场战略意图；容易受到高关税以及贸易保护主义的损害；运输成本偏高，时间较长等。

51. D　解析▶本题考查集中战略。规模效应属于成本领先战略的途径。

52. A　解析▶本题考查股权式战略联盟的概念。股权式战略联盟是指通过合资或相互持股等股权交易形式构建的企业的战略联盟。

53. C　解析▶本题考查企业战略管理的内涵。选项 A 错误，高层战略管理者是总体战略的责任者；选项 B 错误，中层战略管理者是企业业务战略的责任者；选项 D 错误，企业总体战略的制定和决策是企业高层战略管理者的主要职责，战略的实施和控制是企业中层、基层战略管理者的主要职责。

54. D　解析▶本题考查钻石模型。波特教授认为，决定一个国家某种产业竞争力的要素有四个，即生产要素、需求条件、相关支撑产业以及企业战略、产业结构和同业竞争。

55. D　解析▶本题考查行业生命周期分析。到了衰退期，市场萎缩，行业规模缩小，行业中留下的企业越来越少，竞争依然很残酷。

56. C　解析▶本题考查企业核心竞争力分析的相关内容。资源竞争力指的是企业所拥有的或者可以获得的各种资源，包括外部资源和内部资源，如人力资源、原材料资源、土地资源、技术资源、资金资源、组织资源、社会关系资源、区位优势、所在地的基础设施等。题干中主要体现的是人力资源，所以选 C。

57. C　解析▶本题考查多国化战略。多国化战略很难跨国利用和转移公司的资源，不利于实现规模效应及降低成本。

58. C　解析▶本题考查内部因素评价矩阵。内部因素评价矩阵方法是确定企业竞争地位的一个有效途径，是用量化的方法评估企业在每个行业的成功要素和在竞争优势的评价指标上相对于竞争对手的优势和劣势。

59. D　解析▶本题考查差异化战略。差异化战略的核心是取得某种对顾客有价值的独特性。

60. C　解析▶本题考查 SWOT 分析法的 ST 战略。ST 战略是使用优势，避免威胁。

61. A　解析▶本题考查波士顿矩阵分析。金牛区的产品业务增长率较低，但市场占有率较高，能给企业带来大量的现金流，但是未来的发展前景有限。

62. A　解析▶本题考查企业战略实施的模式。合作型模式把战略决策范围扩大到企业高层管理集体之中，调动了高层管理人员的积极性和创造性。协调高层管理人员成为管理者是该模式的工作重点。

63. D　解析▶本题考查企业经营决策的要素。决策结果指决策实施后所产生的效果和影响，这是决策系统的又一基本要素。

64. C　解析▶本题考查企业经营决策的方法。哥顿法又称提喻法。该法由美国学者哥顿发明，是一种由会议主持人指导进行集体讨论的定性决策方法。首先由会议主持人把决策问题向会议成员做笼统的介绍，然后由会议成员（即专家成员）海阔天空地讨论解决方案；当会议进行到适当时机时，决策者将决策的具体问题展示给会议成员，使会议成员的讨论进一步深化，最后由决策者吸收讨论结果，进行决策。

65. D　解析▶本题考查企业战略的层次。企业战略一般分为企业总体战略、企业业务战略和企业职能战略三个层次。企业职能战略是为实现企业总体战略目标而对企业内部的各项关键的职能活动做出的统筹安排，是为贯彻、实施和支持总体战略与业务战略而在特定的职能领域内所制定的实施战略，包括生产制造战略、市场营销战略、财务管理战略、人力资源管理战略和研究与开发战略等。

66. D　**解析** ▶ 本题考查行业竞争结构分析。供应者可以通过提价、降低产品或服务的质量来影响企业。当供应者具有以下特征时，将处于有利的地位：供应者的行业由少数企业控制，而购买者却很多；没有替代品；购买者只购买供应者产品的一小部分。

67. B　**解析** ▶ 本题考查战略联盟。产品联盟是指两个或两个以上的企业为了增强企业的生产和经营实力，通过联合生产、贴牌生产、供求联盟、生产业务外包等形式扩大生产规模、降低生产成本，提高产品价值。

68. B　**解析** ▶ 本题考查相关多元化战略下的垂直多元化。垂直多元化是指企业沿产业价值链或企业价值链延伸经营领域，如某钢铁企业向采矿业或轧钢装备业的延伸。

69. D　**解析** ▶ 本题考查不确定型决策方法中的乐观原则。

市场状态 方案　损益值	畅销	一般	滞销	max
Ⅰ	50	40	20	50
Ⅱ	60	50	10	60
Ⅲ	70	60	0	70
Ⅳ	90	80	−20	90

$\max\{50，60，70，90\}=90$，所以选 D。

70. A　**解析** ▶ 本题考查前向一体化战略。前向一体化战略是指通过资产纽带或契约方式，企业与输出端企业联合形成一个统一的经济组织，从而达到降低交易费用及其他成本、提高经济效益目的的战略。企业产品由于在原材料及半成品方面在市场上有优势，为获取更大的经济效益，决定由自己制造成品或与制造成品的企业联合，形成统一的经济组织，促进企业更高速地成长和发展。

71. A　**解析** ▶ 本题考查国际化经营战略的类型。全球化战略是向全世界的市场推广标准化的产品或服务，并在较有利的东道国集中进行生产经营活动，由此形成经验曲线效益和规模经济效益，以获得高额利润。

第二章　公司法人治理结构

刷　基　础 —————————————————————

72. A　**解析** ▶ 本题考查股东的义务。缴纳出资义务既是股东的法定义务，也是约定义务。

73. D　**解析** ▶ 本题考查公司财产权能的两次分离。原始所有权与法人产权的客体是同一财产，反映的却是不同的经济、法律关系。

74. B　**解析** ▶ 本题考查有限责任公司董事会的组成及董事的任职资格。《公司法》规定，有限责任公司董事会的成员为3~13人。

75. D　**解析** ▶ 本题考查经理机构。经理是董事会领导下的负责公司日常经营管理活动的机构。

76. D　解析▶本题考查经理机构的职权。从本质上讲，经理被授予了部分董事会的职权，经理对董事会负责，行使下列职权：(1)主持公司的生产经营管理工作，组织实施董事会决议；(2)组织实施公司年度经营和投资方案；(3)拟订公司内部管理机构设置方案；(4)拟订公司的基本管理制度；(5)制定公司的具体规章；(6)提请聘任或者解聘公司副经理、财务负责人；(7)决定聘任或者解聘除应由董事会聘任或者解聘以外的负责管理人员；(8)公司章程和董事会授予的其他职权。D选项属于全体股东的权利。

77. A　解析▶本题考查有限责任公司的股东会。按照《公司法》要求，首次股东会会议由出资最多的股东召集和主持，依照法律规定行使职权。

78. C　解析▶本题考查股份有限公司股东大会的决议方式。股份有限公司股东大会做出修改公司章程、增加或者减少注册资本的决议，以及公司合并、分立、解散或者变更公司形式的决议，必须经出席会议的股东所持表决权的三分之二以上绝对多数通过。

79. B　解析▶本题考查董事会与经理的关系。董事会与经理的关系是以董事会对经理实施控制为基础的合作关系。

80. B　解析▶本题考查董事会的会议。《公司法》对股份有限公司董事会定期会议的召开期限做了规定，即每年度至少召开两次。

81. A　解析▶本题考查股东的权利。通过盈余分配获取股利是股东出资的收益权，是股东权利的核心。

82. D　解析▶本题考查发起人的定义。发起人是指参加公司设立活动并对公司设立承担责任的人。

83. B　解析▶本题考查股东会决议。股东会会议做出修改章程、增加或者减少注册资本的决议，以及公司合并、分立、解散或者变更公司形式的决议，必须经代表2/3以上表决权的股东通过。

84. A　解析▶本题考查国有独资公司的权力机构。重要的国有独资公司合并、分立、解散、申请破产的，应当由国有资产监督管理机构审核后，报本级人民政府批准。

85. C　解析▶本题考查法人产权的含义。法人产权是指公司作为法人对公司财产享有的占有、使用、收益和处分的权利。

86. B　解析▶本题考查股东行使表决权的依据。一股一权是股份有限公司股东行使股权的重要原则。

87. C　解析▶本题考查国有独资公司的董事会。《公司法》规定，国有独资公司的董事每届任期不得超过三年。

88. B　解析▶本题考查经理的选任与解聘。公司经理的选任和解聘均由董事会决定，对经理的任免及报酬决定权是董事会对经理实行监控的主要手段。

89. C　解析▶本题考查监事的任职资格。根据我国《公司法》的规定，有限责任公司董事的任职资格与股份有限责任公司董事，以及公司制企业监事、高级管理人员的任职资格相同，对于有下列情形之一的，不得担任公司的董事、监事和高级管理人员：(1)无民事行为能力或者限制民事行为能力；(2)因贪污、贿赂、侵占财产、挪用财产或者破坏社会主义市场经济秩序，被判处刑罚，执行期满未逾5年，或者因犯罪被剥夺政治权利，执行期满未逾5年；(3)担任破产清算的公司、企业的董事或者厂长、经理，对该公司、企业破产负有个人责任的，自该公司、企业破产清算完结之日起未逾3年；(4)担任因违法被吊销营业执照、责令关闭的公司、企业的法定代表人，并负有个人责任的，自该公司、企业被吊销营业执照之日起未逾3年；（5）个人所负数额较大的债务到期未清偿。所以选项C符合题干要求。

90. D　**解析▶** 本题考查国有独资公司的监督机构。国有资产监督管理机构向国有独资公司派出监事会的目的是从体制上、机制上加强对国有独资公司的监管，促进企业董事、高级经理人员忠实勤勉地履行职责，确保国有资产及其权益不受侵犯。

91. B　**解析▶** 本题考查公司的法人财产权。公司对其全部法人财产依法拥有独立支配的权力，即公司拥有法人财产权（或称法人产权）。

92. B　**解析▶** 本题考查股东的法律地位。股份有限公司的股东以其认购的股份为限对公司承担责任。

93. B　**解析▶** 本题考查股东概述的内容。《公司法》对发起人转让股份的行为作了限制，规定发起人持有的本公司股份自公司成立之日起1年内不得转让。

94. C　**解析▶** 本题考查股东大会会议的召开。《公司法》规定，单独或者合计持有公司3%以上股份的股东，可以在股东大会召开十日前提出临时提案并书面提交董事会。

95. B　**解析▶** 本题考查董事会会议。根据《公司法》，召集董事会会议应当于会议召开十日前通知全体董事和监事。

96. B　**解析▶** 本题考查国有独资公司的权力机构。国有独资公司的合并、分立、解散、增加或者减少注册资本和发行公司债券，必须由国有资产监督管理机构决定。

97. D　**解析▶** 本题考查独立董事的职权。独立董事除应当具有《公司法》和其他现行法律、法规赋予董事的职权外，还具有下列职权：（1）重大关联交易应由独立董事认可后，提交董事会讨论；（2）向董事会提议聘用或解聘会计师事务所；（3）向董事会提请召开临时股东大会；（4）提议召开董事会；（5）独立聘请外部审计机构和咨询机构；（6）可以在股东大会召开前公开向股东征集投票权。选项D是监事会的职权。

98. B　**解析▶** 本题考查独立董事的任职资格。在直接或间接持有上市公司已发行股份的5%以上的股东单位或者在上市公司前五名股东单位任职的人员及其直系亲属不能担任独立董事。

99. B　**解析▶** 本题考查有限责任公司的监督机构。监事的任期每届为3年。

100. D　**解析▶** 本题考查董事会的性质。《公司法》规定，公司法定代表人依照公司章程的规定，由董事长、执行董事或经理担任，并依法登记。

101. B　**解析▶** 本题考查股份有限公司的董事任期。股份有限公司或有限责任公司的董事任期由公司章程规定，但每届任期不得超过3年，任期届满，连选可以连任。

102. C　**解析▶** 本题考查股东的义务。我国《公司法》规定，公司的发起人、股东在公司成立后，抽逃其出资的，由公司登记机关责令改正，处以所抽逃出资金额5%以上、15%以下的罚款。

103. B　**解析▶** 本题考查累积投票制的相关知识。累积投票制是指股东大会选举董事或者监事时，每一股份拥有与应选董事或者监事人数相同的表决权，股东拥有的表决权可以集中使用。

104. A　**解析▶** 本题考查股东的分类与构成。自然人作为股份有限公司的发起人股东，应当具有完全民事行为能力。

105. D　**解析▶** 本题考查董事会的地位。董事会处于公司决策系统和执行系统的交叉点，是公司运转的核心。

106. B　**解析▶**本题考查公司经理的选任和解聘。经理入选后，其经营水平和经营能力要接受实践检验，要通过述职、汇报和其他形式接受董事会的定期和随时监督。

107. A　**解析▶**本题考查股东的分类与构成。我国《公司法》规定，设立股份公司，其发起人必须一半以上在中国有住所。

108. B　**解析▶**本题考查国有独资公司的监督机构。我国《公司法》规定，国有独资公司的监事会成员不得少于5人，选项A错误；监事会中的职工代表由职工代表大会选举产生，职工代表出任的监事为兼职监事，选项C错误；监事会主席由国有资产监督管理机构从成员中指定，选项D错误。

109. A　**解析▶**本题考查经营者的激励与约束机制。报酬激励主要有年薪制、薪金与奖金相结合、股票奖励、股票期权等形式。

110. D　**解析▶**本题考查监事会的组成。监事任期届满，连选可以连任。

111. C　**解析▶**本题考查国有独资公司的董事会。董事长和副董事长由国有资产监督管理机构从董事会成员中指定。

112. A　**解析▶**本题考查董事会的决议方式。董事会决议的表决实行的原则是"一人一票"原则和多数通过原则，二者合称为"董事数额多数决"。

113. C　**解析▶**本题考查国有独资公司的经理机构。我国《公司法》规定，国有独资公司设经理，由董事会聘任或者解聘。

114. D　**解析▶**本题考查有限责任公司股东会的决议。一般情况下，普通决议的形成，只需经代表二分之一以上表决权的股东通过。

115. C　**解析▶**本题考查监事会的组成。我国《公司法》规定，公司监事会中职工代表的比例不得低于三分之一。

116. A　**解析▶**本题考查经营者对现代企业的作用。题干主要体现的是经营者人力资本有利于企业获得关键性资源。

117. B　**解析▶**本题考查股东的法律地位。股东是公司经营的最大受益人和风险承担者。

118. A　**解析▶**本题考查国有独资公司董事会的组成。国有独资公司董事会的成员为3~13人。

119. B　**解析▶**本题考查国有独资公司的董事会。我国《公司法》明确了国有独资公司章程的制定和批准机构是国有资产监管机构。

120. C　**解析▶**本题考查国有独资公司的经理机构。对于国有独资公司来说，经理是必须设置的职务。

121. C　**解析▶**本题考查公司财产权能的两次分离。公司所有权本身的分离是原始所有权与法人产权的分离。

122. D　**解析▶**本题考查企业组织形式的类型。按照法律形态来划分，企业的组织形式包括个人业主制企业、合伙制企业和公司制企业。

123. B　**解析▶**本题考查所有者与经营者的关系。在现代企业中，所有者与经营者之间是委托代理关系。

刷　进　阶　　　　　　　　　　　　　　　　　高频进阶·强化提升

124. C　**解析▶**本题考查经理的职权。经理对董事会负责，行使下列职权：①主持公司的生产经营管理工作，组织实施董事会决议；②组织实施公司年度经营和投资方案；

③拟订公司内部管理机构设置方案；④拟订公司的基本管理制度；⑤制定公司的具体规章；⑥提请聘任或解聘公司副经理、财务负责人；⑦决定聘任或解聘除应由董事会聘任或解聘以外的负责管理人员；⑧公司章程和董事会授予的其他职权。

125. B **解析▶** 本题考查董事的任期。有限责任公司董事的任期由公司章程规定，但每届任期不得超过3年，任期届满，连选可以连任。

126. D **解析▶** 本题考查经营者的素质要求。经营者拥有的业务能力中，尤以决策能力、创新能力和应变能力最为重要。其中创新能力是一个经营者的核心能力。

127. A **解析▶** 本题考查监事会的组成。监事会成员中职工代表的比例不得低于三分之一，具体比例由公司章程规定。

128. A **解析▶** 本题考查独立董事的任职资格。为上市公司或者其附属企业提供财务、法律、咨询等服务的人员不得担任独立董事。

129. B **解析▶** 本题考查经营者的激励与约束机制。声誉激励：应根据对经营者履职状况的综合考察给予经营者相应的社会地位，使经营者获得心理上的优越感。

130. C **解析▶** 本题考查国有独资公司的监督机构。国有独资公司监事会发现公司经营情况异常时可以进行调查，必要时可以聘请会计师事务所协助工作。

131. D **解析▶** 本题考查公司所有者。一般而言，所有者是指企业财产所有权（或产权）的拥有者。

132. C **解析▶** 本题考查经营者的选择方式。科学的经营者选择方式应该是市场招聘和内部选拔并举。

133. A **解析▶** 本题考查公司的原始所有权。公司的原始所有权是出资人（股东）对投入资本的终极所有权，其表现为股权。

134. A **解析▶** 本题考查有限责任公司监事会的议事规则。有限责任公司的监事会每年至少召开一次会议。

135. B **解析▶** 本题考查股东大会的性质。在公司组织机构中，股东大会居于最高层，董事会、经理、监事会都对股东大会负责，向其报告工作。

136. A **解析▶** 本题考查董事会会议。我国《公司法》对于股份有限公司董事会临时会议做了规定，明确了"代表十分之一以上表决权的股东、三分之一以上董事或者监事会，可以提议召开董事会临时会议。董事长应当自接到提议后十日内，召集和主持董事会会议"。

137. C **解析▶** 本题考查董事会的职权。制定公司的基本管理制度属于董事会的职权。

138. A **解析▶** 本题考查股份有限公司的股东大会。股东大会应该每年召开一次年会。

139. C **解析▶** 本题考查股东的义务。股东最重要的义务——缴纳出资义务。

第三章　市场营销与品牌管理

刷 基 础

140. B **解析▶** 本题考查品牌资产的组成。感知质量是指消费者对某一品牌在品质上的整体印象。

141. A **解析▶** 本题考查市场细分的标准。人口变量包括人口总数、人口密度、家庭户数、年龄、性别、职业、民族、文化、宗教、国籍、收入、家庭生命周期等。

142. A　**解析**▶本题考查需求导向定价法。需求导向定价法包括认知价值定价法和需求差别定价法。

143. C　**解析**▶本题考察市场营销战略规划。市场营销战略规划是指企业根据内外部营销环境和资源条件对营销活动制定的长期的、全局性的行动方案。

144. D　**解析**▶本题考查品牌资产中的品牌忠诚度。品牌忠诚度是品牌资产的核心。

145. A　**解析**▶本题考查目标市场选择战略。无差异营销战略即企业把整体市场看作一个大的目标市场，忽略消费者需求存在的不明显的微小差异，只向市场投放单一的商品，设计一种营销组合策略，通过大规模分销和大众化广告，满足市场中绝大多数消费者的需求。

146. C　**解析**▶本题考察企业任务书。企业任务书需要满足的标准包括：(1)企业任务书中的目标应是有限的、具体的、明确的；(2)企业任务书应是市场导向的而不是产品导向的；(3)企业任务书应富有激励性；(4)政策要具体、分工要明确。

147. C　**解析**▶本题考察绝对市场占有率。绝对市场占有率是指一定时期内一家企业某种产品的销售量(或销售额)占同一市场上的同类产品销售总量(总额)的百分比。

148. A　**解析**▶本题考查促销策略。推动策略即生产商运用人员推销和销售促进，将产品由生产商向批发商推销，再由批发商向零售商推销，最后再由零售商向消费者推销。这是一种较为传统的促销策略。

149. C　**解析**▶本题考察市场营销战略规划的步骤。市场营销战略规划包括确定企业任务、规定企业目标、安排业务组合、制定新业务计划四个步骤。

150. C　**解析**▶本题考查影响产品定价的因素。成本因素构成了企业产品价格的下限。在正常情况下企业不可能将自己的产品价格定得低于成本。

151. D　**解析**▶本题考察通用电气矩阵。通用电气矩阵的左上角区域被称为"绿色地带"，这一区域的行业吸引力和战略业务单位的业务力量都很强，应增加投资和发展增大。

152. A　**解析**▶本题考察市场营销战略规划。在市场营销战略规划的步骤中，管理者在安排好业务组合之后，还应对未来业务的发展做出规划，包括密集增长战略、一体化增长战略和多元化增长战略。

153. D　**解析**▶本题考查目标利润定价法。单位成本 = 单位可变成本 + 固定成本÷销售量 = $20 + 400\,000 \div 80\,000 = 25$(元)，目标价格 = (总成本 + 投资额×投资收益率)÷总销量 = 单位成本 + 投资额×投资收益率÷销售量 = $25 + 2\,000\,000 \times 30\% \div 80\,000 = 32.5$(元)。

154. A　**解析**▶本题考察市场定位方法。最常用的市场定位方法包括根据属性与利益定位、根据使用者定位、根据竞争者的情况定位、根据价格定位、组合定位五种。

155. D　**解析**▶本题考查品牌资产。品牌资产的"五星"概念模型，是由品牌知名度、品牌联想度、品牌忠诚度、感知质量和品牌其他资产五部分组成。品牌知名度是指消费者对一个品牌的记忆程度。

156. C　**解析**▶本题考察装运包装。装运包装是指为了方便储运的若干个次要包装的集合包装。

157. D　**解析**▶本题考察包装策略。个别包装策略是指各种产品都拥有自己独特的包装，在设计上采用不同的风格。在这种策略下，某一产品推销失败不会影响其他产品的声誉，但也增加了包装设计费用和新产品促销费用。

158. A　**解析**▶本题考查市场营销环境分析中的环境威胁矩阵图。选项A是第Ⅰ象限的情况，选项 B 是第 Ⅱ 象限的情况，选项 C 是第 Ⅳ 象限的情况，选项 D 是第 Ⅲ 象限的情况。

159. A　**解析▶**本题考察新产品开发策略。新产品开发策略按照开发新产品的方式划分可以分为自主开发、协约开发和联合研制。

160. A　**解析▶**本题考查目标市场模式中的全面进入。通常，资金雄厚的大企业为在市场上占据领导地位甚至垄断全部市场会采取全面进入的模式。

161. C　**解析▶**本题考察直复营销。直复营销是指企业直接与目标顾客接触，不通过中间商，以便获取目标顾客的快速反应并培养长期顾客关系。

162. B　**解析▶**本题考察品牌忠诚度。品牌忠诚度的五个级别包括无忠诚购买者、习惯购买者、满意购买者、情感购买者和承诺购买者。

163. C　**解析▶**本题考察家族品牌决策。企业名称与个别品牌并用策略是指给每个品牌均冠以企业名称，以企业名称表明产品出处和特点的策略。

164. B　**解析▶**本题考查新产品的定价策略。撇脂定价策略一般适用于仿制可能性较小，生命周期较短且高价仍有需求的产品。

165. A　**解析▶**本题考查制定广告预算的方法。量力而行法即根据企业在某一时期的财力状况来分配广告费用，这种方法比较简单易行，很多资金有限的中小企业往往采用这种方法。

166. C　**解析▶**本题考查产品组合定价策略。产品束定价即企业将几种产品组合在一起，进行低价销售。

167. D　**解析▶**本题考察多品牌决策。多品牌决策的优点包括能够提高产品陈列比例；可以吸引更多顾客；可以引入竞争机制，提高工作效率；能够开发不同的市场。选项 D 是品牌延伸决策的优点。

168. B　**解析▶**本题考查促销策略中的拉引策略。拉引策略即生产商为唤起顾客的需求，主要利用广告与公共关系等手段，极力向消费者介绍产品及企业，使他们产生兴趣，吸引、诱导他们来购买。

169. D　**解析▶**本题考查公共关系的概念。公共关系是指企业为取得社会、公众的了解与信赖、树立企业及产品的良好形象而进行的各种活动。

170. C　**解析▶**本题考查市场营销宏观环境中的自然环境。自然环境是在企业发展过程中对其有影响的物质因素。企业在分析自然环境时可以考虑的方面：自然资源的短缺、环境污染日益严重、政府对环境的干预日益加强、公众的生态需要和意识不断增强等。

171. B　**解析▶**本题考查品牌的类型。按市场地位分类，有领导型品牌、挑战型品牌、追随型品牌和补缺型品牌。按生命周期分类，有新品牌、上升品牌、成熟品牌和衰退品牌。按价值指向分类，有功能价值品牌和精神价值品牌。按知名度分类，有驰名商标、著名商标、名牌产品、优质产品、合格产品、不合格产品。

172. A　**解析▶**本题考查威胁—机会综合分析。成熟业务：即低机会和低威胁的业务。在此条件下，这是一种比较平稳的环境，企业一方面按常规经营取得平均利润，另一方面也可以积蓄力量，为进入理想环境做准备。

173. D　**解析▶**本题考查新产品定价策略中的市场渗透定价策略。市场渗透定价策略是一种低价策略，新产品上市之初，将价格定得较低，利用价廉物美迅速占领市场，取得较高市场占有率，以获得较大利润。

174. B　**解析▶** 本题考察品牌延伸决策。品牌延伸决策是指将现有成功的品牌名称使用到新产品上，包括新包装、新规格和新式样等。

175. D　**解析▶** 本题考查产品组合的长度。产品组合的长度是指产品组合中所包含的产品项目的总数。该公司的香皂有 3 种、沐浴露有 4 种，所以产品组合的长度是 7。

176. D　**解析▶** 本题考查产品线定价。产品线定价：例如，某服装店经营着高、中、低三种档次的男装，那么根据这三种档次，该服装店就可以为这些男装分别定价为 1 280 元、880 元和 300 元。当顾客购买男装时，就会从这三种价位联想到男装的高、中、低三种档次。此外，这种定价策略也满足了顾客对各种档次的男装的需求。

刷 进 阶 ⸻⸻⸻⸻⸻⸻⸻⸻⸻⸻⸻⸻⸻　高频进阶·强化提升

177. C　**解析▶** 本题考查品牌。品牌由品牌名称和品牌标志组成。其中品牌名称即可用语言表达的部分，比如"李宁""康佳"。

178. B　**解析▶** 本题考查市场营销环境分析。理想业务即高机会和低威胁的业务。

179. A　**解析▶** 本题考查家族品牌决策。家族品牌决策的备选策略包括个别品牌策略、统一品牌策略、分类家族品牌策略、企业名称与个别品牌并用策略。

180. C　**解析▶** 本题考查常用营销财务目标。投资收益率是利润率和投入资本总额的比值。

181. D　**解析▶** 本题考察市场营销战略规划的步骤。市场营销战略规划包括确定企业任务、规定企业目标、安排业务组合、制定新业务计划四个步骤。

182. B　**解析▶** 本题考察通用电气公司法。企业战略业务单位的评价方法中影响最大的是波士顿咨询集团法和通用电气公司法。

183. B　**解析▶** 本题考查市场细分。行为细分就是企业按照消费者购买或使用某种产品的时机、消费者所追求的利益、使用者情况、消费者对某种产品的使用频率、消费者对品牌（或商店）的忠诚程度、消费者待购阶段和消费者对产品的态度等行为变量来细分消费者市场。

184. A　**解析▶** 本题考查目标市场模式中的产品/市场集中化。产品/市场集中化即企业的目标市场无论是从市场（顾客）或是从产品角度，都是集中于一个细分市场，企业只生产或经营一种标准化产品，只供应某一顾客群。

185. C　**解析▶** 本题考查成本加成定价法的计算。单位成本 = 单位可变成本+固定成本÷销售量 = 15+350 000÷70 000=20（元），产品价格 = 产品单位成本×（1+加成率）= 20×（1+21%）= 24.2（元）。

186. D　**解析▶** 本题考查产品组合的基本概念。产品组合的关联度是企业的各条产品线在最终使用、生产条件、分销渠道等方面的密切相关程度。

187. C　**解析▶** 本题考查品牌质量决策。企业可选择的品牌质量管理决策有：①提高品牌质量；②保持品牌质量；③逐步降低品牌质量。

188. C　**解析▶** 本题考查市场营销宏观环境中的社会文化环境。社会文化环境是指在一种社会形态下已经形成的民族特征、价值观念、宗教信仰、生活方式、风俗习惯、伦理道德、教育水平、相关群体、社会结构等因素构成的环境。

189. B　**解析▶** 本题考查产品组合的基本概念。产品组合的宽度是指企业所经营的不同产品线的数量。甲企业一共有 5 条（牙膏、香皂、纸巾、纸尿布和洗发水）不同的产品线。

190. B　解析▶本题考查目标市场模式中的市场专业化。市场专业化即企业向同一类顾客提供性能有所区别的产品。这种模式既可分散风险，又可在一类顾客中树立良好形象。

第四章　分销渠道管理

刷基础

191. A　解析▶本题考查渠道冲突的分类。冲突是指同时存在对抗性行为和利益冲突的情况。

192. C　解析▶本题考查服务产品常用的分销渠道模式。采用直接分销模式的根本原因在于服务产品的不可分离性。

193. A　解析▶本题考查分销渠道的内容。分销渠道的参与者包括生产者、中间商、消费者。

194. A　解析▶本题考查分销渠道管理目标的内容。分销渠道管理目标的内容包括：市场占有率、利润额、销售增长额。

195. D　解析▶本题考查中介性权力。中介性权力包括奖励权、强迫权和法律法定权。

196. B　解析▶本题考查便利品。便利品可分为日用品、冲动购买品和应急物品三种。

197. B　解析▶本题考查业务激励。选项A错误，交流市场信息属于沟通激励；选项C、D错误，培训销售人员、融资支持属于扶持激励。

198. C　解析▶本题考查消除渠道差距的思路。消除渠道差距的思路包括：（1）消除需求方差距；（2）消除供给方渠道差距；（3）改变渠道环境和管理限制所产生的渠道差距。

199. B　解析▶本题考查网络分销渠道的特征。经济性：网络分销渠道可以有效地降低分销成本，提高分销效率。

200. D　解析▶本题考查扁平化渠道。扁平化渠道中，分销商的作用仅表现为分销商品的物流平台。

201. D　解析▶本题考查渠道管理概述。分销渠道的成员是指商品从生产者向消费者转移过程中，取得这种商品的所有权或帮助所有权转移的所有企业和个人，包括生产者、中间商（批发商、零售商、代理商）和最终消费者。不包括供应商和辅助商。

202. C　解析▶本题考查网络信息技术的影响。网络信息技术的影响包括：（1）在网络技术下，扁平化渠道结构的总成本具有相对意义上的经济性；（2）网络技术的迅速发展还给企业带来许多新的营销运作模式；（3）网络信息技术极大地改变了人们获取信息、传递信息的方式。

刷进阶

203. C　解析▶本题考查渠道扁平化。有两层中间商的扁平化渠道是目前最常用、最普遍的一种扁平化模式。

204. B　解析▶本题考查服务质量差距模型的核心。服务质量差距模型的核心是感知服务差距。

205. B　解析▶本题考查对服务质量差距模型的认识。质量差距是由质量管理前后不一致造成的。最主要的差距是感知服务差距，要弥合这一差距，就要对质量感知差距、质量标准差距、服务传递差距、市场沟通差距进行弥合。

206. **A** 解析▶本题考查厂家直供模式的缺点。厂家直供模式具有受交通因素影响大，设立过程容易出现销售盲区，管理成本高的缺点。

207. **C** 解析▶本题考查渠道扁平化相关原理。分销渠道能否实现"扁平化"目标，关键在于销售链渠道的终端是否成熟。

208. **A** 解析▶本题考查渠道冲突的分类。按照渠道成员的层级关系类型，可把渠道冲突分为水平冲突、垂直冲突和多渠道冲突。

209. **C** 解析▶本题考查非渴求品。那些刚上市、消费者从未了解的新产品也可归为非渴求品。

210. **D** 解析▶本题考查渠道财务绩效评估。资产利润率反映了一定时期内，渠道实现的利润与渠道资产占用额的对比关系。该指标是从投资者的角度评价渠道效益。

211. **D** 解析▶本题考查渠道成员的激励。当商品流通企业给予渠道成员的条件过于苛刻，以致不能很好激励渠道成员努力时，就会出现激励不足的情况。结果是商品流通企业的销售量下降，利润减少。

212. **B** 解析▶本题考查目录服务商。目录服务商主要包括：(1)综合性目录服务商；(2)商业性目录服务商；(3)专业性目录服务商。

第五章　生产管理

刷基础 紧扣大纲·夯实基础

213. **B** 解析▶本题考查生产作业计划的编制方法。生产作业计划的编制方法有在制品定额法、提前期法(又称累计编号法)、生产周期法。选项A适用于大批大量生产类型企业，选项B适用于成批轮番生产类型企业，选项C适用于单件小批生产类型企业。

214. **D** 解析▶本题考查期量标准。批量=生产间隔期×平均日产量=15×5=75(台)。

215. **D** 解析▶本题考查库存控制。库存物资品种累计占全部品种70%，而资金累计占全部资金总额10%以下的物资定为C类物资，选项D错误。

216. **A** 解析▶本题考查生产进度控制的内容。投入进度控制是生产进度控制的首要环节。

217. **C** 解析▶本题考查物料需求计划中的物料清单。物料清单又称产品结构文件，它反映了产品的组成结构层次及每一层次下组成部分本身的需求量。

218. **D** 解析▶本题考查准时化。准时化(JIT)的基本思想是"只在必要的时刻，生产必要的数量的必要产品"。

219. **D** 解析▶本题考查生产计划指标。产品质量指标包括两大类：一类是反映产品本身内在质量的指标，主要是产品平均技术性能、产品质量分等；另一类是反映产品生产过程中工作质量的指标，如质量损失率、废品率、成品返修率等。

220. **D** 解析▶本题考查设备组的生产能力。设备组的生产能力=单位设备有效工作时间×设备数量×产量定额=15×10×20=3 000(台)。

221. **C** 解析▶本题考查生产控制的事后控制方式。事后控制是指根据本期生产结果与期初所制订的计划相比较，找出差距，提出措施，在下一期的生产活动中实施控制的一种方式，它属于反馈控制，控制的重点是下一期的生产活动。

222. **C** 解析▶本题考查物料需求计划的结构。主生产计划又称产品出产计划，它是物料需求计划(MRP)的最主要输入，表明企业向社会提供的最终产品数量，由客户订单、销售预测和备件需求所决定。

223. D 　解析▶本题考查生产周期的概念。生产周期是指一批产品或零件从投入到出产的时间间隔。

224. A 　解析▶本题考查生产控制的方式。事中控制是通过获取作业现场信息，实时进行作业核算，并把结果与作业计划有关指标进行对比分析，若有偏差，及时提出控制措施并实时对生产活动实施控制的一种方式，以确保生产活动沿着当期的计划目标而展开。

225. B 　解析▶本题考查生产控制的概念。生产控制是指为保证生产计划目标的实现，按照生产计划的要求，对企业的生产活动全过程的检查、监督、分析偏差和合理调节的系列活动。

226. D 　解析▶本题考查流水线生产能力的计算。M = F/r = (10×60)/12 = 50(件)。

227. B 　解析▶本题考查生产控制的基本程序。偏差有正负之分，正偏差表示目标值大于实际值，负偏差表示实际值大于目标值，正负偏差的控制论意义，视具体的控制对象而定。如对于产量、利润、劳动生产率，正偏差表示没有达标，需要考虑控制。而对于成本、工时消耗等目标，正偏差表示优于控制标准。

228. D 　解析▶本题考查生产周期法。生产周期法适用于单件小批生产类型企业的生产作业计划编制。

229. A 　解析▶本题考查库存控制的基本方法。定量控制法是连续不断地监视库存余量的变化，当库存量达到某一预定数值时，即向供货商发出固定批量的订货请求，经过一定时间后货物到达，补充库存。

230. C 　解析▶本题考查库存的合理控制。机会成本包括两个内容：其一是由于库存不够带来的缺货损失，其二是物料本身占用一定资金，企业会失去将这部分资金改作他用的机会，由此给企业造成损失。

231. C 　解析▶本题考查设计生产能力的概念。设计生产能力是指企业在进行基本建设时，在设计任务书和技术文件中所写明的生产能力。

232. B 　解析▶本题考查影响企业生产能力的因素。影响企业生产能力的各种因素很多，最主要的因素有以下三个：固定资产的数量、固定资产的工作时间、固定资产的生产效率。

233. A 　解析▶本题考查生产调度工作的基本要求。生产调度工作必须以生产进度计划为依据，这是生产调度工作的基本原则。

234. A 　解析▶本题考查企业资源计划概述。企业资源计划是指建立在信息技术基础上，以系统化的管理思想，实现资源合理配置、满足市场需求，为企业决策层和员工提供决策运行手段的管理平台。

235. A 　解析▶本题考查生产作业计划概述。企业的生产计划一般分为中长期生产计划、年度生产计划和生产作业计划几个层次。中长期生产计划是企业中长期发展计划的重要组成部分，计划期一般是三年或五年。年度生产计划是企业年度经营计划的核心，计划期为一年。生产作业计划是企业年度计划的具体化，是贯彻实施生产计划、为组织企业日常生产活动而编制的执行性计划。

236. B 　解析▶本题考查成批轮番生产企业的期量标准。生产间隔期是指相邻两批相同产品或零件投入的时间间隔或出产的时间间隔。

237. B 　解析▶本题考查生产控制的方法。事前控制方式属于前馈控制。

238. C 　解析▶本题考查提前期法的相关计算。机械加工车间的出产累计号=最后车间出产累计号+机械加工车间的出产提前期×最后车间平均日产量=1 500+50×12=2 100(号)。

239. B 　解析▶本题考查库存控制。定期控制法,又称订货间隔期法。它是每隔一个固定的间隔周期去订货,每次订货量不固定,订货量由当时库存情况确定,以达到目标库存量为限度。

240. B 　解析▶本题考查丰田精益生产方式概述。丰田精益生产方式最基本的理念就是从(顾客的)需求出发,杜绝浪费任何一点材料、人力、时间、空间、能量和运输等资源。

241. A 　解析▶本题考查设备组生产能力的计算。M=(F·S)/t=[300×5×3×(1-20%)×50]/1.5=120 000(件)。

242. C 　解析▶本题考查产品产值指标。工业增加值以社会最终成果作为计算的依据。

243. B 　解析▶本题考查丰田精益生产方式概述。准时化(JIT)本质是一个拉动式的生产系统。

244. D 　解析▶本题考查大批大量生产企业的期量标准。大批大量生产企业的期量标准有节拍或节奏、流水线的标准工作指示图表、在制品定额等。

245. D 　解析▶本题考查生产控制的概念。广义的生产控制是指从生产准备开始到进行生产,直至成品出产入库为止的全过程的全面控制。它包括计划安排、生产进度控制及调度、库存控制、质量控制、成本控制等内容。

246. B 　解析▶本题考查丰田精益生产方式的核心。丰田精益生产方式的核心是"准时化生产"。

247. B 　解析▶本题考查自动化。"自动化"是丰田精益生产方式保证的重要手段。

248. A 　解析▶本题考查期量标准。在制品定额是指在一定技术组织条件下,各生产环节为了保证数量上的衔接所必需的、最低限度的在制品储备量。

249. C 　解析▶本题考查生产计划。年度生产计划是企业年度经营计划的核心,计划期为一年。

250. C 　解析▶本题考查自动化。丰田公司的"自我全数检验"是建立于生产过程中的自动化,即自动化缺陷控制的基础之上的。

251. B 　解析▶本题考查全员参与的现场改善活动。公司全体人员参加的现场改善活动是丰田公司强大生命力的源泉,也是丰田精益生产方式的坚固基石。

252. B 　解析▶本题考查成批轮番生产企业的期量标准。成批轮番生产企业的期量标准有批量、生产周期、生产间隔期、生产提前期等。

253. D 　解析▶本题考查丰田精益生产方式概述。丰田公司的标准化作业主要包括三个内容:标准周期时间、标准作业顺序、标准在制品存量。

254. C 　解析▶本题考查制定生产控制标准的方法。标准化法即将权威机构制定的标准作为自己的控制标准。

255. A 　解析▶本题考查企业资源计划的内容。物流管理模块是实现生产运转的重要条件和保证。

256. A 　解析▶本题考查生产调度的概念。生产调度是组织执行生产进度计划的工作,对生产计划的监督、检查和控制,发现偏差及时调整的过程。

257. C　**解析▶** 本题考查丰田精益生产方式。贯穿丰田精益生产方式的两大支柱是"准时化"和"自动化"。

258. A　**解析▶** 本题考查生产能力的种类。在编制企业年度、季度计划时，以计划生产能力为依据。

259. C　**解析▶** 本题考查库存的合理控制。库存控制落实到库存管理上就是降低库存管理成本。

260. C　**解析▶** 本题考查库存控制的基本方法。定量控制法，又称订货点法，它是连续不断地监视库存余量的变化，当库存量达到某一预定数值（订货点）时，即向供货商发出固定批量的订货请求，经过一定时间（固定提前期）后货物到达，补充库存。定期控制法，又称订货间隔期法，它是每隔一个固定的间隔周期去订货，每次订货量不固定。

261. A　**解析▶** 本题考查库存管理成本。订货成本是指每次订购物料所需的联系、谈判、运输、检验等费用。

262. A　**解析▶** 本题考查生产能力的核算。企业生产能力的核算，是根据影响生产能力的三个主要因素，在查清和采取措施的基础上，首先计算设备组的生产能力，平衡后确定小组、工段、车间的生产能力，然后各车间再进行 平衡，确定企业的生产能力。

刷 进 阶

263. A　**解析▶** 本题考查降低库存的策略。降低在途库存的主要策略是缩短生产、配送周期。选项 B 是降低周转库存的基本做法，选项 C 是降低调节库存的基本策略，选项 D 是降低安全库存的主要目的。

264. B　**解析▶** 本题考查生产调度。生产调度以生产进度计划为依据，生产进度计划要通过生产调度来实现。生产调度的必要性是由工业企业生产活动的性质决定的。

265. A　**解析▶** 本题考察精益思想的基本原则。精益思想的基本原则包括正确定义价值、识别价值流、流动、拉动、追求尽善尽美。

266. C　**解析▶** 本题考查制造资源计划的内容。1977 年 9 月，美国著名生产管理专家奥列弗·怀特首次提出将货币信息纳入 MRP 的方式，冠以"制造资源计划"的名称。

267. A　**解析▶** 本题考查生产计划指标。产品品种指标的确定首先要考虑市场需求和企业实力，按产品品种系列平衡法来确定。

268. C　**解析▶** 本题考查企业资源计划。MRP Ⅱ 主要应用于生产企业的管理。ERP 不仅应用于生产企业，也可应用于从事非生产企业、公益事业的企业。

269. D　**解析▶** 本题考查在制品定额法。在制品定额法也叫连锁计算法，适用于大批大量生产类型企业的生产作业计划编制。

270. B　**解析▶** 本题考查生产能力的种类。计划生产能力也称现实生产能力，是企业在计划期内根据现有的生产组织条件和技术水平等因素所能够实现的生产能力。

271. B　**解析▶** 本题考查事中控制的概念。事中控制是通过获取作业现场信息，实时进行作业核算，并把结果与作业计划有关指标进行对比分析，若有偏差，及时提出控制措施并实时对生产活动实施控制的一种方式，以确保生产活动沿着当期的计划目标而展开。

272. C　**解析▶** 本题考查库存管理成本。仓储成本是指维持库存物料本身所需花费，包括存储成本、搬运和盘点成本、保险和税收以及库存物料由于变质、陈旧、损坏、丢失等造成损失及购置库存物料所占用资金的利息等。

273. B **解析▶** 本题考查在制品控制。通常根据所处的不同工艺阶段，把在制品分为毛坯、半成品、入库前成品和车间在制品。

274. C **解析▶** 本题考查生产控制的基本程序。生产控制的首要步骤是制定控制的标准。

275. A **解析▶** 本题考查事后控制的概念。事后控制是指将本期生产结果与期初所制订的计划相比较，找出差距，提出措施，在下一期的生产活动中实施控制的一种方式。

276. C **解析▶** 本题考查代表产品法。代表产品是反映企业专业方向、产量较大、占用劳动较多、产品结构和工艺上具有代表性的产品。四种产品中年产量最大的是丙产品，所以它为代表产品。

277. D **解析▶** 本题考查工业总产值的内容。工业总产值是反映一定时期内工业生产总规模和总水平的指标。

278. A **解析▶** 本题考查作业场地生产能力的计算。M =（单位面积有效工作时间 F×作业场地的生产面积 A）/（单位产品占用生产面积 a×单位产品占用时间 t）=（8×2 000）/（3×1.5）= 3 556（件）。

279. D **解析▶** 本题考查生产能力的概念。生产能力是生产系统内部各种资源能力的综合反映，直接关系着能否满足市场需要。

第六章　物流管理

刷基础

280. B **解析▶** 本题考查物流管理的目标。物流管理的目标包括：快速反应；最小变异；最低库存；物流质量；整合运输与配送；产品生命周期不同阶段的物流目标。

281. B **解析▶** 本题考查企业仓储管理的保管业务。散堆是指将无包装的散货在仓库或露天货场上堆成货堆的存放方式，这种方法适用于不用包装的颗粒状、块状的大宗散货，如煤炭、矿砂、散粮、海盐等。

282. D **解析▶** 本题考查企业采购的功能。企业采购的促进产品开发功能：产品开发与采购密切相关，没有采购支持的产品开发方案的成功率将大打折扣。随着科技的进步，产品的开发周期在极大地缩短，产品开发同步工程应运而生。通过采购让供应商参与到企业的新产品开发中来，不仅可以利用供应商的专业技术优势缩短产品开发时间，节省产品开发费用及产品制造成本，还可以更好地满足产品功能性的需要，提高产品在整个市场上的竞争力。

283. D **解析▶** 本题考查拉动式模式。在拉动式模式下，生产物流管理的特点体现为以下几个方面：（1）以最终用户的需求为生产起点，拉动生产系统各生产环节对生产物料的需求；（2）强调物流平衡，追求零库存，要求上一道工序加工完的零部件立即可以进入下一道工序；（3）在生产的组织上，计算机与看板结合，由看板传递后道工序对前道工序的需求信息；（4）将生产中的一切库存视为"浪费"，出发点是整个生产系统，而不是简单地将"风险"看作外界的必然条件，并认为库存掩盖了生产系统中的缺陷。

284. C **解析▶** 本题考查经济订货批量的计算。$EOQ = \sqrt{\dfrac{2Dc_0}{PH}} = \sqrt{\dfrac{2 \times 120\,000 \times 4}{1 \times 6\%}} = 4\,000$（吨）。

285. A　**解析**▶本题考查物流的概念。物流是一个物品的实体流动过程，在流通过程中创造价值、满足顾客及社会性需求，也就是说物流的本质是服务。

286. B　**解析**▶本题考查企业销售物流的客户满意度评价指标。问题的处理率=问题得到解决的顾客的数量/出现投诉的顾客的总数。

287. B　**解析**▶本题考查企业采购管理的业务流程。企业采购管理的业务流程：(1)提出采购申请；(2)选择供应商；(3)进行采购谈判；(4)签发采购订单；(5)跟踪订单；(6)物料验收；(7)付款及评价。

288. B　**解析**▶本题考查企业销售物流的组织内容。企业销售物流的组织内容主要包括产成品包装、产成品储存、订单管理、企业销售物流渠道的选择、产品配送、装卸搬运等。

289. B　**解析**▶本题考查不同生产类型下的企业生产物流特征。多品种小批量型生产物流的特征具体表现为以下几个方面：(1)物料被加工的重复程度介于单件生产和大量生产之间，一般采用混流生产；(2)使用 MRP 实现物料相关需求的计划，以 JIT 实现客户个性化特征对生产过程中物料、零部件、成品需求的拉动；(3)由于产品设计和工艺设计采用并行工程处理，物料的消耗定额很容易确定，所以成本很容易降低；(4)由于生产品种的多样性，对制造过程中物料的供应商有较强的选择要求，所以外部物流的协调很难控制。

290. A　**解析**▶本题考查库存的分类。选项 B 是按生产过程中的不同阶段对库存进行的分类；选项 C 是按库存的目的对库存进行的分类；选项 D 是按存放地点对库存进行的分类。

291. A　**解析**▶本题考查企业采购管理的原则。一般情况下，采购量越大，价格越便宜，但并不是采购越多越好。

292. B　**解析**▶本题考查企业销售物流的产品包装内容。包装是企业生产物流系统的终点，也是销售物流系统的起点。

293. A　**解析**▶本题考查企业物流效率评价指标中的经济效率指标。选项 A 是经济效率，选项 B 是迅速物流及时率，选项 C 是耗损率，选项 D 是准确完成物流率。

294. D　**解析**▶本题考查企业销售物流的组织与控制。销售物流的配送流程通常分为一般配送流和有加工功能的配送流程。

295. B　**解析**▶本题考查企业生产物流的类型。离散型生产物流是指物料离散地运动，最后形成产品。表现为产品由许多零部件构成，各个零部件的加工过程彼此独立，制成的零部件通过各个部件装配和总装最后形成产品。

296. A　**解析**▶本题考查企业生产物流的类型。按照生产专业化的程度，可以将企业生产物流划分为大量生产、单件生产和成批生产三种类型。

297. C　**解析**▶本题考查单一品种大批量型生产物流的特征。单一品种大批量型生产物流的特征：(1)由于生产的重复程度高、稳定，容易制订相关的物料需求计划，所以对物料很容易控制；(2)由于产品结构相对稳定，物料的消耗定额能准确制定；(3)由于生产品种的单一性，物料需求变化小，容易与供应商建立长期稳定的协作关系，采购物流也容易控制；(4)由于生产高度专业化，企业的生产系统自动化水平高，在生产物流的具体作业环境可以使用各种先进的技术设备，提高劳动生产率。选项 C 错误，应为物料的消耗定额能准确制定。

298. D　解析▶本题考查仓储管理的配送与流通加工功能。仓储管理的配送与流通加工功能体现在：现代仓储业务已向流通、销售、零部件供应等方向延伸，用来储存物品的仓库不仅具备储存保管货物的功能，而且增加了分拣、配送、捆包、流通加工和信息处理等功能，这样既扩大了仓库的经营范围，提高了商品综合利用率，又促进了物流合理化，方便了消费者，提高了服务质量。

299. B　解析▶本题考查经济订货批量模型的相关知识。数量折扣下，价格的降低通常是离散的或者是跳跃的，而不是连续变化的，选项B错误。

300. A　解析▶本题考查企业销售物流管理效果的评价。建立销售物流综合绩效考评体系的原则：①整体性原则。②可比性原则。③经济性原则。④定量与定性相结合的原则。

301. B　解析▶本题考查企业采购管理的原则。企业采购管理的原则包括适当的数量、适当的品质、适当的时间、适当的价格和适当的地点。

302. D　解析▶本题考查企业销售物流管理。在考核企业销售物流绩效时，要考虑考评过程中的成本收益。

303. A　解析▶本题考查企业仓储管理的供需调节功能。供需调节功能体现在，生产和消费不可能完全同步，像粮食等产品，生产节奏有间隔而消费则是连续的，这就需要有仓储作为平衡环节加以调控，把生产和消费协调起来。

304. D　解析▶本题考查安全库存的概念。安全库存指为了防止由于不确定因素(如大量突发性订货、交货期突然延期等)而准备的缓冲库存。

305. D　解析▶本题考查流通加工的范畴。流通加工活动的内容一般包括袋装、定量化小包装、拴牌子、贴标签、配货、拣选、分类、混装、刷标记等。生产的外延流通加工包括剪断、打孔、折弯、组装、配套以及混凝土搅拌等。

306. C　解析▶本题考查企业供应物流的基本流程。组织到厂物流阶段的主要工作是运输。

307. D　解析▶本题考查企业销售物流的客户满意度评价指标。客户的投诉率属于企业销售物流的客户满意度评价指标。

308. B　解析▶本题考查物流中的仓储环节。仓储在物流系统中起着缓冲、调节和平衡的作用。

309. D　解析▶本题考查企业生产物流管理的适应性目标。适应性目标是指有效控制物料损失，防止人员或设备的意外事故。

310. C　解析▶本题考查不同生产模式下的企业生产物流管理。在推进式模式下，物流和信息流是完全分离的。在拉动式模式下，物流和信息流是结合在一起的。

311. C　解析▶本题考查仓储管理的功能。调节货物运输能力的功能：各种运输工具的运量相差很大，船舶的运量大，海运船的运量一般是万吨以上，内河船的运量也以百吨或千吨计，火车的运量较小，汽车的运量最小，一般每车的载运量仅几吨到几十吨。

312. C　解析▶本题考查企业库存管理与控制的内容。库存管理的使命是，保证物料的质量，尽力满足用户的需求，采取适当措施，节约管理费用，以便降低成本，故A选项正确。在途库存是指在运输途中的库存，故B选项正确。库存是指存储作为今后按预定的目的使用而处于闲置或非生产状态的物品，故C选项错误。企业库存管理的意义：有利于资金周转、有利于进行运输管理及有效地开展仓库管理工作，故D选项正确。

313. D　解析▶本题考查库存分类的依据。库存按其存放地点可分为库存存货、在途库存、委托加工库存和委托代销库存。

314. C **解析▶**本题考查企业销售物流管理的内容。企业销售物流成本指产品空间位移(包括静止)过程中所耗费的各种资源的货币表现，是物品在实物运动过程中，如运输、仓储、包装、装卸搬运、流通加工、物流信息传递、配送等各个环节所支出的人力、财力、物力的总和。

315. C **解析▶**本题考查企业物流的内容。包装用辅助材料主要有黏合剂、黏合带和捆扎材料。

316. B **解析▶**本题考查产品生命周期不同阶段的物流目标。在产品生命周期的成长期阶段，产品取得了一定程度的市场认可，销售量剧增，物流活动的重点从不惜代价提供所需服务转变为服务和成本的平衡。

317. A **解析▶**本题考查项目型生产过程及其生产物流特征。项目型生产物流的特征：(1)物料采购量大，供应商多变，外部物流较难控制。(2)生产过程原材料、在制品占用的物流量大。(3)物流在加工场地的方向不确定、加工路线变化极大，工序之间的物流联系不规律。(4)物料需求与具体产品存在一一对应的相关需求。

318. B **解析▶**本题考查企业采购管理最基本的目标。企业采购管理最基本的目标是为企业提供所需要的物料和服务。

319. C **解析▶**本题考查精益生产模式下拉动式生产物流管理模式的特点。选项A、B、D属于推进式生产物流管理的特点。

320. C **解析▶**本题考查企业销售物流成本控制。降低运输成本：通过商流和物流的分离使物流途径变短；减少运输次数；提高车辆满载率；设定最低订货量；实行计划运输；开展共同运输；选择最佳运输手段等。

321. A **解析▶**本题考查企业销售物流的流程。从企业方面来看，销售物流的第一个环节应该是订单管理。

322. B **解析▶**本题考查企业仓储管理的主要业务。垛堆方式是指利用货物或其包装外形进行堆码。适用于有外包装和不需要包装的长、大件货物，如箱、桶、筐、袋装的货物以及木材、钢材等。

323. D **解析▶**本题考查企业生产物流的类型。按照物料流经的区域，企业生产物流可以分为工厂间物流和工序间物流(也称车间物流)。

324. A **解析▶**本题考查企业库存管理与控制。按库存的目的可将库存分为以下四种类型：经常库存、安全库存、生产加工和运输过程中的库存及季节性库存。

325. C **解析▶**本题考查企业物流的内容、分类和作业目标。配送是按客户的订货要求，在物流据点进行分货、配货，并将配好的货物送交收货人的物流活动。

326. B **解析▶**本题考查经济订货批量模型。经济订货批量 $EOQ = \sqrt{\dfrac{2Dc_0}{PH}}$，由题目信息可知 $D = 4\,000$(吨)，$c_0 = 800$(元)，$P = 16\,000$(元/吨)，$H = 1\%$。所以经济订货批量

$$EOQ = \sqrt{\dfrac{2 \times 4\,000 \times 800}{16\,000 \times 1\%}} = 200\text{(吨)}。$$

327. A **解析▶**本题考查物流管理的目标。快速反应是关系到一个企业能否及时满足顾客的服务需求的能力。

328. B **解析▶**本题考查企业供应物流的相关知识。企业供应物流管理是企业物流活动的

起始阶段。

329. B　**解析▶** 本题考查货物的堆码方式。货架方式是使用通用和专用的货架进行货物堆码的方式，如小百货、小五金、绸缎、医药品等。

330. C　**解析▶** 本题考查企业采购管理。企业采购管理可分为无形采购和有形采购。在无形采购中，仅用于服务、维护、保养等内容，所以 A 选项错误；企业采购管理是从资源市场获取资源的过程，所以 B 选项错误；企业采购管理是一种经济活动，所以 D 选项错误；企业采购管理的基本作用，就是将资源从供应商转移到用户的过程，C 选项正确。

刷 进 阶 ┈┈┈┈┈┈┈┈┈┈┈┈┈┈┈┈┈┈┈┈┈┈ 高频进阶·强化提升

331. C　**解析▶** 本题考查单件小批量型生产过程及其生产物流特征。单件小批量型生产物流的特征：(1)生产重复程度低，物料需求与具体产品的制造存在一一对应的相关需求。(2)生产重复程度低导致产品设计及工艺设计重复程度低，物料的消耗只能粗略估计。(3)由于生产品种繁多，物料需求种类变化大，不易与供应商建立长期稳定的协作关系，质量与交货期不易保证，采购物流较难控制。

332. D　**解析▶** 本题考查企业销售物流概述。企业销售物流是企业在销售过程中，将产品的所有权转给用户的物流活动，是产品从生产地到用户的时间和空间的转移。

333. D　**解析▶** 本题考查企业仓储管理的调节货物运输能力的功能。调节货物运输能力的功能：各种运输工具的运量相差很大，它们之间进行转运时，运输能力是很不匹配的，这种运力的差异可以通过仓储来进行调节和衔接。

334. C　**解析▶** 本题考查企业库存管理。选项 C 错误，企业库存管理有利于资金周转。

335. D　**解析▶** 本题考查销售物流成本管理的原则。从效率化配送角度：通过高效的信息系统，使配送计划和生产计划、订货计划联系起来，有效地提高车辆的装载率和周转率，从而降低配送成本。从信息系统的角度：借助现代信息系统的构筑，提高物流作业的准确度和信息的迅速分享，从而从整体上控制物流成本的发生。

336. B　**解析▶** 本题考查堆码方式。货架方式是使用通用和专用的货架进行货物堆码的方式，主要适用于存放不宜堆高、需特殊保管存放的小件包装的货物，如小百货、小五金、绸缎、医药品等。

337. C　**解析▶** 本题考查工艺过程的特点。按照物料在生产工艺过程中的流动特点，企业生产物流又可分为连续型和离散型两种。

338. B　**解析▶** 本题考查企业采购管理的特征。科学采购是实现企业经济利益最大化的基本利润源泉。

339. A　**解析▶** 本题考查企业采购的功能。企业采购的生产成本控制功能：虽然在现代企业的产品成本中，各类企业采购的原材料及零部件成本占企业生产总成本的比例不同，但采购成本是企业成本控制的主体和核心。控制采购的原材料及零部件成本是企业成本控制最有价值的部分，所以说企业采购具有企业生产成本控制功能。

340. A　**解析▶** 本题考查入库业务。货物入库前的准备工作主要包括：编制仓储计划，做好入库准备；安排仓容，确定堆放位置；合理组织人力、装卸机具，准备验收设备，保证货物验收；备齐需要的其他用品。

341. A　**解析▶** 本题考查经济订货批量模型。经济订货批量 $= \sqrt{\dfrac{2DC_0}{PH}} = \sqrt{\dfrac{2 \times 4\,000 \times 400}{10\,000 \times 0.8\%}} =$

200（吨）。

342. B　**解析** ▶本题考查保管业务。货物的盘点是指定期或临时核对库存商品，进行清点的操作，主要目的是检查库存产品的实际数量与保管账上的数量是否相符；查明超过保管期限、长期积压货物的实际品种、规格和数量，以便提前处理；检查商品有无质量变化、耗损等；检查库存货物数量的溢余或缺少的原因，以利于改进货物的仓储管理。

343. D　**解析** ▶本题考查仓储企业的物流。仓储企业的物流是以接运、入库、保管保养、发运或运输为流动过程的物流活动，其中储存保管是其主要的物流功能。

344. C　**解析** ▶本题考查企业生产物流的类型。汽车、计算机的生产属于离散型生产物流。

345. D　**解析** ▶本题考查企业采购管理的特征。企业采购管理是从资源市场获取资源的过程。企业采购管理是信息流、商流和物流相结合的过程。企业采购管理是一种经济活动。选项D属于企业采购的功能。

346. A　**解析** ▶本题考查精益生产模式下推进式企业生产物流管理模式的特点。选项B、C、D为拉动式模式的特点。

347. B　**解析** ▶本题考查物流管理的目标。在产品生命周期的介绍期阶段需要高水准的物流活动和灵活性，所以选项A错误。在成熟阶段，物流活动会变得具有高度的选择性，所以选项C错误。在衰退期阶段，企业则需要对物流活动进行重新定位，使风险处于最低限度，所以选项D错误。

第七章　技术创新管理

刷　基　础

348. B　**解析** ▶本题考查产品创新。渐进（改进）的产品创新是指在技术原理没有重大变化的情况下，基于市场需要对现有产品所做的功能上的扩展和技术上的改进。

349. D　**解析** ▶本题考查技术创新战略的类型。合作创新战略能够分摊创新成本，分担创新风险，选项D错误。

350. C　**解析** ▶本题考查应用研究的概念。应用研究是指为了获得某一具体领域的新知识而进行的创造性研究活动。

351. A　**解析** ▶本题考查成本模型。成本模型引入了不同于一般商品生产成本计量的"复杂系数"。它表明，技术生产的创造性劳动的等量时间和物质消耗得到的补偿应大于一般商品生产的消耗。在模型中还考虑了风险因素。这一模型在理论上表示了技术商品的价格应按照完全补偿技术生产消耗的原则来确定的原理。

352. D　**解析** ▶本题考查知识产权的保护期限。我国《商标法》规定，注册商标的有效期为10年，自核准注册之日起计算。

353. A　**解析** ▶本题考查管理创新概述。管理创新的基础性：管理创新是企业整个创新体系的重要组成部分，是企业其他创新的基础。

354. C　**解析** ▶本题考查技术创新的含义。目前，关于技术创新，我国学术界公认的定义：技术创新是指企业家抓住市场潜在盈利机会，以获取经济利益为目的，重组生产条件和要素，不断研制推出新产品、新工艺、新技术，以获得市场认同的一个综合性过程。

355. A　**解析** ▶本题考查风险—收益气泡图的相关知识。风险—收益气泡图中，珍珠型（第

Ⅰ象限)项目具有较高的预期收益和很高的成功概率,项目的风险较小,属于比较有潜力的明星项目。

356. C　**解析▶** 本题考查技术创新的过程与模式。A-U 过程创新模式包括不稳定阶段、过渡阶段和稳定阶段。其中在不稳定阶段,产品创新和工艺创新都呈上升趋势,但产品创新明显强于工艺创新,这是产业发展的初期阶段。

357. A　**解析▶** 本题考查管理创新的主要领域。管理创新中的各种管理制度、管理方法的创新都离不开管理理念创新,都以理念的创新为依托。

358. A　**解析▶** 本题考查合作研发。合作研发有助于迅速提高企业的技术能力,可分散风险,并在短期内取得经济效果。所以选项 A 错误。

359. C　**解析▶** 本题考查产学研联盟。多向联合体合作模式追求的是规模效益,大市场。

360. A　**解析▶** 本题考查管理创新概述。管理创新的基础性:无论是技术创新还是营销创新,要付诸实施,都必然受到现打的管理体系、生产组织方式的影响,并依赖新的管理体系和组织方式的建立。

361. B　**解析▶** 本题考查国家创新体系的相关知识。党的十九大报告指出:深化科技体制改革,建立以企业为主体、市场为导向、产学研深度融合的技术创新体系,加强对中小企业创新的支持,促进科技成果转化。

362. D　**解析▶** 本题考查技术创新决策的评估方法。技术创新决策的定量评估方法包括折现现金流方法和风险分析,其中风险分析包括敏感性分析、概率分析。选项 A、B、C属于定性评估方法。

363. D　**解析▶** 本题考查技术组合分析的相关知识。在技术组合分析图的第Ⅲ象限,技术的相对竞争地位弱,技术的重要性较弱,因此,应该采取的策略是撤出,并终止进一步技术投资,选项 D 正确。选项 A 是第Ⅱ象限采取的策略,选项 B 是第Ⅳ象限采取的策略,选项 C 是第Ⅰ象限采取的策略。

364. B　**解析▶** 本题考查企业联盟的主要形式。企业联盟的主要形式是技术联盟。

365. B　**解析▶** 本题考查企业技术创新的内部组织模式。内企业家与企业家是有差别的,其根本的不同在于,内企业家的活动局限在企业内部,其行动受到企业的规定、政策和制度以及其他因素的限制。

366. C　**解析▶** 本题考查 A-U 过程创新模式。稳定阶段的产品创新与工艺创新均表现为下降趋势,工艺创新较产品创新仍然有相对优势,产业发展进入成熟期。由于主导设计的出现使产品设计、生产流程与生产工艺日趋标准化,市场需求相对稳定,大规模生产使制造效率大大提高,企业由此享受到规模经济带来的好处,故该阶段创新的重点是以提高质量和降低成本为目标的渐进性的工艺创新。

367. C　**解析▶** 本题考查商业秘密。商业秘密是指不为公众所知悉、具有商业价值并经权利人采取保密措施的技术信息和经营信息。

368. A　**解析▶** 本题考查专利权。我国《专利法》规定,发明专利的期限为 20 年,实用新型和外观设计专利权的期限为 15 年,均自申请之日起计算。

369. C　**解析▶** 本题考查产品创新。产品创新是建立在产品整体概念基础上以市场为导向的系统工程,是功能创新、形式创新、服务创新多维交织的组合创新。

370. A　**解析▶** 本题考查技术创新的过程与模式。在需求拉动创新模式中,指明市场需求信息是技术创新活动的出发点。它对产品和技术提出了明确的要求,通过技术创新活动，创造出适合这一需求的适销产品或服务。

371. C　**解析▶**本题考查模仿创新战略的相关内容。采用模仿创新战略必须具备两个前提：一是引进者拥有技术引进的能力，能从长远、全局、全方位、战略的角度出发引进技术；二是引进者自身拥有良好的研发能力，在引进后加以消化吸收与创新。

372. C　**解析▶**本题考查企业联盟。企业联盟也称动态联盟或虚拟企业，指的是两个或两个以上的对等经济实体，为了共同的战略目标，通过各种协议而结成的利益共享、风险共担、要素双向或多向流动的松散型网络组织体。

373. A　**解析▶**本题考查效益模型的计算。

$$P = \sum_{i=1}^{n} \frac{B_t}{(1+i)^t}$$

$= 10×50×0.909+10×50×0.826+8×50×0.751+7×50×0.683+9×50×0.621 = 1\ 686.4（万元）。$

374. A　**解析▶**本题考查知识产权管理。世界知识产权组织把知识产权界定为：（1）关于文学、艺术和科学作品的权利；（2）关于表演艺术家的表演以及唱片和广播节目的权利；（3）关于人类一切活动领域的发明的权利；（4）关于科学发现的权利；（5）关于工业品外观设计的权利；（6）关于商标、服务标记以及商业名称和标志的权利；（7）关于制止不正当竞争的权利；（8）在工业、科学、文学艺术领域内由于智力创造活动而产生的一切其他权利。

375. C　**解析▶**本题考查 A-U 过程创新模式。过渡阶段的产品创新逐渐减少，而工艺创新继续呈上升趋势，且超越产品创新，通过"纠错"形成了主导设计。

376. B　**解析▶**本题考查技术创新的分类。工艺创新，也称过程创新，它是产品的生产技术变革，包括新工艺、新设备和新组织管理方式。工艺创新与提高产品质量，降低原材料和能源的消耗，提高生产效率有着密切的关系，是技术创新中不可忽视的内容。

377. C　**解析▶**本题考查技术创新战略的类型。根据企业所期望的技术竞争地位的不同，可将企业技术创新战略分为技术领先战略和技术跟随战略。

378. A　**解析▶**本题考查项目地图法。珍珠型项目具有较高的预期收益和很高的成功概率，项目的风险较小，属于比较有潜力的明星项目；牡蛎型项目虽然潜在收益很高，但是技术开发成功的可能性较低，风险较大；面包和黄油型项目技术风险低，开发成功率较高，但预期收益不是很好；白象型项目不仅风险较大，而且预期效益不好，不值得进行投资和开发，尽量排除。

379. B　**解析▶**本题考查动态排序列表法。动态排序列表法是对各个项目分别按照不同的单一评价指标进行排序，然后将同一项目按不同指标排序的序号进行算术平均，得到项目的排序分值。

甲的排序分值：$(3+2+3)÷3 = 2.67$。

乙的排序分值：$(2+3+1)÷3 = 2$。

丙的排序分值：$(4+1+4)÷3 = 3$。

丁的排序分值：$(1+4+2)÷3 = 2.3$。

项目	IRR×PTS		NPV×PTS		战略重要性		排序分值
乙	15	2	7.8	3	4	1	2(1)

续表

项目	IRR×PTS		NPV×PTS		战略重要性		排序分值
丁	16	1	6.5	4	3	2	2.3(2)
甲	14	3	8.6	2	2	3	2.67(3)
丙	13	4	9.1	1	1	4	3(4)

项目乙的序号最低，因此企业应选择项目乙。

380. B　**解析**▶本题考查企业研发模式。合作研发的组织形式有联合开发、建立联盟、共建机构和项目合作。其中，联合开发即双方并不组建实体，而是依据相互之间签署的协议共同开展相关研发。在这种情况下，合作项目通常被细分成多项任务，合作者分别承担自己擅长的任务，最后对各方研制的成果进行集成，合作成员共享研发成果。

381. C　**解析**▶本题考查技术价值的评估方法。C 为技术开发中的物质消耗 300 万元，V 为技术开发中投入的人力消耗 600 万元，β 为技术复杂系数为 1.5，γ 为研究开发的风险概率(失败概率)40%，将数据直接带入公式：$P = \dfrac{(C+V)\beta}{1-\gamma} = \dfrac{(300+600)\times 1.5}{1-40\%} = 2\,250$（万元）。

382. A　**解析**▶本题考查管理创新的主要领域。根据管理创新的一般规律和特点，管理创新总是首先起源于管理理念的变革，然后才引起一系列的管理内容的创新。

383. B　**解析**▶本题考查 A-U 过程创新模式。稳定阶段：此阶段的产品创新与工艺创新均表现为下降趋势，工艺创新较产品创新仍然有相对优势，产业发展进入成熟期。

384. B　**解析**▶本题考查风险-收益气泡图的相关知识。牡蛎型项目是企业根据长期技术发展战略对新兴或突破性技术的研究和开发项目，是企业长期竞争优势的源泉。

385. B　**解析**▶本题考查技术创新小组的概念。所谓技术创新小组是指为完成某一创新项目临时从各部门抽调若干专业人员而成立的一种创新组织。

386. D　**解析**▶本题考查企业联盟的组织运行模式。平行模式适用于对存在某一市场机会的产品联合开发及长远战略合作。

387. C　**解析**▶本题考查管理创新的动因。社会文化环境的变迁：人们的价值观念、兴趣和行为方式，随着时间的延续，一直处于变化之中，这就要求企业的行为必须随之做相应调整，以适应变化。

388. C　**解析**▶本题考查企业技术创新的内部组织模式。新事业发展部是大企业为了开创全新事业而单独设立的组织形式，是独立于现有企业运行体系之外的分权组织。这类组织是一种固定性的组织，多数由若干部门抽调专人组成，是企业进入新的技术领域和产业领域的重要方式之一。

389. B　**解析**▶本题考查技术创新的类型。渐进(改进)的产品创新是指在技术原理没有重大变化的情况下，基于市场需要对现有产品所做的功能上的扩展和技术上的改进。如由火柴盒包装箱发展起来的集装箱，由收音机发展起来的组合音响等。

390. C　**解析**▶本题考查技术创新的过程与模式。系统集成和网络创新模式(5IN)是一体化模式的理想化发展。

391. D　**解析**▶本题考查成本模型。成本模型的基本出发点是：成本是价格的基本决定因素。

392. A　解析▶ 本题考查企业技术中心。企业技术中心一般采取矩阵式组织结构。

393. D　解析▶ 本题考查技术价值的评估方法。根据成本模型公式 $P = \dfrac{(C+V)\beta}{1-\gamma}$，由题目信息可得 $C = 300$（万元）；$V = 500$（万元）；$\beta = 1.4$；$\gamma = 60\%$；所以技术成果价格 $P = (300+500) \times 1.4/(1-60\%) = 2\,800$（万元）。

394. B　解析▶ 本题考查管理创新的主要领域。管理组织创新就是企业通过打破或调整原有的管理组织结构，并对组织内成员的责、权、利关系加以重新构建，使组织的功能得到发展，从而获得更好的效益。

395. C　解析▶ 本题考查风险—收益气泡图的相关知识。面包和黄油型预期收益不高，是企业短期现金流的来源基础，选项 A 错误；珍珠型能够帮助企业开拓新市场，扩展新业务，为企业带来高额利润，是企业快速发展的动力，选项 B 错误；白象型消耗技术资源，不能给企业带来预期利益，应该终止或排除，选项 D 错误。

396. B　解析▶ 本题考查跟随战略的特征。跟随战略的投资重点是生产、销售。

397. C　解析▶ 本题考查市场模拟模型。类似技术实际交易价格为 $P_0 = 20$ 万元，技术经济性能修正系数为 $a = 1+15\% = 1.15$，时间修正系数 $b = 1+20\% = 1.2$，寿命修正系数 $c = (15-2)/6 = 2.17$，根据公式 $P = P_0 \times a \times b \times c = 20 \times 1.15 \times 1.2 \times 2.17 = 59.89$（万元）。

398. A　解析▶ 本题考查技术创新的定性评估方法。检查清单法需要首先确定一组评价研发项目的关键因素，然后对每一方案的各个评判标准给出是否满意的定性判断（如满意为 1，不满意为 0），优先选择得分高的项目。

399. B　解析▶ 本题考查专利权。专利权是指国家专利机关依据专利法授予申请人在法定期限内对其发明创造所享有的专有权。

刷 进 阶

400. A　解析▶ 本题考查原始创新。原始创新活动主要集中在基础科学和前沿技术领域。

401. D　解析▶ 本题考查领先战略的特征。领先战略的投资重点是技术开发、市场开发。

402. C　解析▶ 本题考查技术创新过程与模式中的系统集成和网络创新模式。系统集成和网络创新模式最为显著的特征是它代表了创新的电子化和信息化过程，更多地使用专家系统来辅助开发工作，使用仿真技术逐步取代实物原型。

403. D　解析▶ 本题考查管理创新概述。奉献精神：企业家并不是以追求利润为唯一的目标，他们既具有一种服务于社会、造福于民众的奉献精神，又追求自我价值的实现。

404. C　解析▶ 本题考查企业知识产权保护策略。发明专利权保护期限为 20 年；实用新型和外观设计专利权的保护期限为 15 年；作品的使用权、发表权、获得报酬的权利保护期限为作者终生及死后 50 年。作者的署名权、修改权、保护作品完整权的保护期不受限制。

405. D　解析▶ 本题考查自主创新战略。自主创新战略是指企业通过自身的努力和探索实现技术突破，攻破技术难关，并在此基础上依靠自己的能力推动创新的后续环节，完成技术的商品化，获得商业利润，实现预期目标的创新战略。

406. D　解析▶ 本题考查企业的研发模式。自主研发相对来说，商品化的速度慢，影响商业化开发进度。所以选项 D 错误。

407. C　解析▶ 本题考查内企业的概念。内企业是指企业为了鼓励创新，允许自己的员工在一定限度的时间内离开本岗位工作，从事自己感兴趣的创新活动，并且可以利用企业的现有条件，如资金、设备等。

408. C **解析**▶本题考查技术创新时间的差异性。发展性开发属于短期创新，一般需要2～3年时间。

409. B **解析**▶本题考查技术创新的类型。引进、消化吸收再创新是最常见、最基本的创新形式，核心概念是利用各种引进的技术资源，在消化吸收基础上完成重大创新。

410. C **解析**▶本题考查效益模型的计算。该技术商品的价格为：
$= (6×20)/(1+0.1)+(6×20)/(1+0.1)^2+(7×20)/(1+0.1)^3+(5×20)/(1+0.1)^4+(5×20)/(1+0.1)^5 ≈ 443.74(万元)$。

411. C **解析**▶本题考查技术创新决策的定性评估方法。轮廓图法是评价创新项目的一种非常简单的方法。

412. A **解析**▶本题考查项目地图法。珍珠型项目具有较高的预期收益和很高的成功概率，项目的风险较小，属于比较有潜力的明星项目。

413. A **解析**▶本题考查基础研究。基础研究的成果一般是普遍知识、原则或定律。

414. D **解析**▶本题考查自主创新战略的缺点。自主创新战略的缺点是技术方面的高投入、高风险；在生产方面，生产人员必须进行特殊培训，同时要承担新设备、新工艺可靠性的风险；在市场方面必须大量投入进行市场开发，有可能经历"市场沉默期"。"低风险、低收益"属于防御型战略的特点。

415. D **解析**▶本题考查商标权。每次续展注册的有效期为10年，自该商标上一届有效期满次日起计算。

416. D **解析**▶本题考查新事业发展部的概念。新事业发展部是大企业为了开创全新事业而单独设立的组织形式，是独立于现有企业运行体系之外的分权组织。

417. A **解析**▶本题考查产学研联盟。以三主体为主要形式的多向合作模式中的三主体包括技术成果方(高校)、出资方(金融机构或社会资本投资者)与生产经营企业。

418. D **解析**▶本题考查管理创新的主要领域。管理制度创新是管理创新的最高层次，是管理创新实现的根本保证。

第八章　人力资源规划与薪酬管理

刷 基 础　　　　　　　　　　　　　　　　　　　　　紧扣大纲·夯实基础

419. B **解析**▶本题考查人力资源规划的内容。企业人力资源中期规划一般为1～5年的时间跨度。

420. C **解析**▶本题考查管理人员接续计划法的计算。该企业明年业务主管的供给量=现职人员+可提升人员+招聘人员-提升出去的-退休的-辞职的=25+2+5-2-2-2=26(人)。

421. D **解析**▶本题考查转换比率分析法。年销售额每增加1 000万元，需增加的总人数为10人，2016年销售额比2015年销售额增加2 000万元，则需增加的总人数为20人。分配率：20÷(1+6+3)=2；销售人员增加人数：6×2=12(人)。

422. C **解析**▶本题考查绩效考核的步骤。绩效考核的技术准备工作包括选择考核者、明确考核标准、确定考核方法等。

423. C **解析**▶本题考查企业薪酬制度设计的流程。企业薪酬制度设计的流程：明确现状和需求→确定员工薪酬策略→工作分析→职位评价→等级划分→建立健全配套制度→市场薪酬调查→确定薪酬结构与水平→薪酬制度的实施与修正。

424. A 解析▶本题考查绩效考核的步骤。绩效考核计划中需要明确绩效考核的目的和对象，确定适宜的考核内容和时间。

425. C 解析▶本题考查企业薪酬制度设计的原则。内部公平是指同一企业中不同职务之间的薪酬水平应该相互协调，也就是说要与其贡献相一致，内部公平强调的是职务本身对报酬的决定作用。

426. A 解析▶本题考查人力资源规划的分类。按照规划的性质，企业的人力资源规划可分为总体规划和具体计划。

427. D 解析▶本题考查基本薪酬设计的前提。由于基本薪酬是企业依据薪酬调查和员工的职位、职级、能力及工作结果所支付给员工的报酬，因此，薪酬调查和职位等级的建立便成为企业基本薪酬设计的前提。

428. C 解析▶本题考查一元回归分析法的计算。$y = a + bx = 15 + 0.04x = 15 + 0.04 \times 1\,000 = 55$（人）。

429. A 解析▶本题考查基本薪酬的概念。基本薪酬是企业根据员工所承担的工作或者所具备的技能而支付给员工的比较稳定的经济收入。

430. B 解析▶本题考查人力资源规划的内容。劳动关系计划的目标有降低非期望离职率、改善劳动关系、减少投诉和争议等。

431. A 解析▶本题考查企业薪酬制度设计的原则。公平原则是指企业向员工提供的薪酬应该与员工对企业的贡献保持平衡。

432. C 解析▶本题考查以职位为导向的基本薪酬设计。计点法与职位分类法有相同之处，即也是将各种职位划分为若干种职位类型。但是不对各类职位进行比较，而是找出各类职位中所包含的共同的"付酬因素"；然后把各"付酬因素"划分为若干等级，并对每一因素及其等级予以界定和说明，以便于实际操作；接着对每一"付酬因素"指派分数以及其在该因素各等级间的分配数值；最后，利用一张转换表将处于不同职级上的职位所得的"付酬因素"数值转换成具体的薪酬金额。

433. C 解析▶本题考查一一对比法。在运用一一对比法时，将每一名考核对象得到的"+"相加，得到的"+"越多，对该考核对象的评价越高。反之，则绩效水平越低。由表可知，李××一个"+"都没有，其绩效最差。

434. B 解析▶本题考查德尔菲法的定义。德尔菲法是由有经验的专家依赖自己的知识、经验和分析判断能力，对企业的人力资源管理需求进行直觉判断与预测。

435. D 解析▶本题考查绩效考核方法中的行为锚定评价法的概念。行为锚定评价法为每一职位的各个考核维度都设计出一个评分量表，量表上的每个分数刻度，都对应有一些典型行为的描述性文字说明（即所谓行为锚定），供考核者在对考核对象进行评价打分时参考。

436. A 解析▶本题考查职位等级法。职位等级法的优点是简单易行，成本较低。其缺点是不能有效地激励员工，尤其是当许多职位不能简单地划分等级时体现更加明显。因此，这种方法仅适用于规模较小、职位类型较少而且员工对本企业各职位都较为了解的小型企业。

437. B 解析▶本题考查薪酬等级的相关知识。薪酬区间的最低值＝区间中值×（1−薪酬浮动率)= 4 000×(1-15%)= 3 400(元)。

438. B　**解析▶** 本题考查关键事件法的概念。关键事件法是通过观察，用描述性文字记录下企业员工在工作中发生的直接影响工作绩效的重大和关键性的事件和行为。考核者用这些长期记录下来的事实依据，对考核对象的工作绩效进行评价。

439. C　**解析▶** 本题考查以职位为导向的基本薪酬设计。因素比较法与计点法的相同之处，也是需要首先找出各类职位共同的"付酬因素"。但是与计点法的不同之处是它舍弃了代表职位相对价值的抽象分数，而直接用相应的具体薪金值来表示各职务的价值。

440. C　**解析▶** 本题考查绩效考核的功能。沟通功能：绩效考核过程是管理层和下属人员不断沟通的过程。通过考核，一方面可以表达管理层对员工的工作要求和绩效期望，另一方面也可以了解员工对管理层和绩效目标的看法、建议以及他们的需求。

441. D　**解析▶** 本题考查管理人员判断法。管理人员判断法是一种粗略的、简便易行的人力资源需求预测方法，主要适用于短期预测。

442. B　**解析▶** 本题考查绩效考核的实施阶段。绩效沟通是指围绕员工工作绩效问题而进行的上下级的交流、讨论和协商，它贯穿于绩效考核的整个周期内和整个过程中。

443. B　**解析▶** 本题考查薪酬对员工的激励功能。从心理学角度来说，薪酬是个人和企业之间的一种心理契约，这种契约通过员工对于薪酬状况的感知而影响员工的工作行为、工作态度以及工作绩效，即产生激励作用。

444. C　**解析▶** 本题考查绩效的特点。绩效的变动性是指员工个人的绩效不是固定不变的，随着时间的推移和主客观条件的变化，绩效也会发生变化，因此，要用变化发展的观点看待绩效问题。

445. A　**解析▶** 本题考查人力资源供给预测的方法。人员核查法是通过对现有企业内部人力资源数量、质量、结构和在各职位上的分布状况进行核查，确切掌握人力资源拥有量及其利用潜力，在此基础上，评价当前不同种类员工的供应状况，确定晋升和岗位轮换的人选，确定员工特定的培训或发展项目的需求，帮助员工确定职位开发计划与职业设计。

446. C　**解析▶** 本题考查股票期权。股票期权是员工持股制度的一种重要表现形式，它和持有股票的共同点是都可以激励持有者的长期化行为，但前者的激励作用更大，同时风险也更大。

447. A　**解析▶** 本题考查人力资源规划的内容。退休解聘计划的目标有降低人工成本、维护企业规范、改善人力资源结构等。

448. D　**解析▶** 本题考查间接薪酬。间接薪酬的支付与员工个人的工作和绩效并没有直接的关系，往往都具有普遍性，通俗地讲就是"人人都有份"。

449. B　**解析▶** 本题考查马尔可夫模型的计算。根据表格中的数据，业务主管中一年以后继续留在业务主管一职的人员 = 10×0.7 = 7(人)，同时由业务员晋升为业务主管的 = 100×0.1 = 10(人)。所以一年后业务主管的内部供给量= 7+10 = 17(人)。

450. D　**解析▶** 本题考查影响薪酬管理的主要因素。影响企业薪酬管理的外部因素包括法律法规、物价水平、劳动力市场的状况、其他企业的薪酬状况。选项 D 属于员工个人因素。

451. A　**解析▶** 本题考查民主评议法的概念。民主评议法是在听取考核对象个人的述职报告的基础上，由考核对象的上级主管、同事、下级以及与其有工作关系的人员，对其工作绩效做出评价，然后综合分析各方面的意见得出该考核对象的绩效考核结果。

452. A 解析▶本题考查绩效考核实施阶段的内容。绩效考核实施阶段的主要任务是绩效沟通与绩效考核评价。

453. D 解析▶本题考查书面鉴定法的概念。书面鉴定法是指考核者以书面文字的形式对考核对象做出评价的方法。

454. A 解析▶本题考查人力资源需求预测方法中的管理人员判断法。管理人员判断法是指由企业的各级管理人员，根据各自工作中的经验和对企业未来业务量增减情况的直觉考虑，自下而上地确定未来所需人员的方法。

455. C 解析▶本题考查转换比率分析法。2020 年需新增的人员总数：3 000÷1 000×8 = 24（人）。2020 年需新增的后勤服务人员：24÷（1+5+2）×2＝6（人）。

456. A 解析▶本题考查绩效考核结果的反馈。绩效考核结果的反馈：这一阶段的主要任务是上级领导就绩效考核的结果与考核对象沟通，具体指出员工在绩效方面存在的问题，指导员工制订出绩效改进的计划，还要对该计划的执行效果进行跟踪并给予指导。

457. B 解析▶本题考查企业薪酬制度设计的竞争原则。竞争原则是指企业向在某些重要职位上工作的员工提供的薪酬应高于同一地区或同一行业其他企业同种职位的薪酬，以使自己的企业具有吸引力和竞争力。

458. B 解析▶本题考查标杆超越法。标杆超越法为企业设计绩效指标体系提供了一个以外部导向为基础的全新思路。

459. A 解析▶本题考查薪酬管理的相关内容。薪酬控制指企业对支付的薪酬总额进行测算和监控，以维持正常的薪酬成本开支，避免给企业带来过重的财务负担。

460. A 解析▶本题考查个人激励薪酬。个人激励薪酬的主要形式包括计件制、工时制和绩效工资。其中绩效工资的四种形式包括绩效调薪、绩效奖金、月/季度浮动薪酬和特殊绩效认可计划。

461. C 解析▶本题考查企业薪酬制度设计的激励原则。激励原则是指企业内部各类、各级职位之间的薪酬标准要适当拉开距离，避免平均化，利用薪酬的激励功能提高员工的工作积极性。

462. B 解析▶本题考查德尔菲法。德尔菲法是在每位专家均不知除自己以外的其他专家的任何情况下进行的，因而避免了由于彼此身份地位的差别、人际关系以及群体压力等原因对意见表达的影响，充分发挥了各位专家的作用，集思广益，预测的准确度相对较高，因此这种方法的应用比较广泛。

463. A 解析▶本题考查民主评议法的概念。民主评议法是指在听取考核对象个人的述职报告的基础上，由考核对象的上级主管、同事、下级以及与其有工作关系的人员，对其工作绩效做出评价，然后综合分析各方面的意见得出该考核对象的绩效考核结果。

464. D 解析▶本题考查绩效考核的实施阶段。绩效沟通是从绩效目标确定到绩效考核完成之前的持续不断的沟通，其实质是一种日常管理活动。

465. B 解析▶本题考查职位等级法的概念。职位等级法是将员工的职位划分为若干级别（即职级），按其所处的职级确定其基本薪酬的水平和数额。

466. C 解析▶本题考查群体激励薪酬。收益分享计划是企业提供的一种与员工分享因生产率提高、成本节约和质量提高等而带来的收益的绩效奖励模式。

467. A 解析▶本题考查一元回归分析法的应用。今年的销售人员 Y = 19.93 + 0.03X =

19.93+0.03×1 000＝49.93（人），约为 50 人。则商场需新招聘的销售人员＝50－40＝10（人）。

468. C　**解析▶**本题考查行为锚定评价法。行为锚定评价法是把评级量表法与关键事件法结合起来，取二者之所长的方法。

469. D　**解析▶**本题考查绩效考核的功能。绩效考核的增进绩效功能主要表现在两个方面：首先，绩效考核在企业内创造了一种优胜劣汰的压力环境，它必然会强化企业员工的竞争意识和自强意识，促使其设法提高自己的知识、技能及综合素质，努力工作，从而提高工作效率；其次，绩效考核将员工个人的发展目标和企业的发展目标结合与统一起来，也必然对企业整体绩效的提高发挥积极的作用。

刷　进　阶　·· 高频进阶·强化提升

470. C　**解析▶**本题考查人力资源规划的内容。选项 A 是实现人员使用计划可以采取的策略。选项 B 是实现人员接续及升迁计划可以采取的策略。选项 C 是实现人员培训开发计划可以采取的策略。选项 D 是实现人员补充计划可以采取的策略。

471. D　**解析▶**本题考查绩效考核的步骤。绩效考核结果运用阶段的主要任务是将考核结果的大量信息、资料进行分析整理，把这些结果合理地运用到人力资源开发与管理工作的各个环节上去，使之成为人力资源开发与管理各个环节工作的重要依据。

472. A　**解析▶**本题考查绩效考核方法中的民主评议法。民主评议法的优点是民主性强、操作程序比较简单、容易控制，缺点是难免会有人为因素导致的评价偏差。

473. D　**解析▶**本题考查激励薪酬的设计。选项 D 属于群体激励薪酬的形式。

474. B　**解析▶**本题考查绩效考核比较法中交替排序法的概念。交替排序法是直接排序法的一个变形。考核者先从所有的考核对象中选出最好和最差的两名，然后在余下的人员中再选出最好和最差的两名，以此类推，直至全部人员的顺序排定。

475. A　**解析▶**本题考查转换比率分析法。销售额每增加 1 000 万，需增加管理人员、销售人员和客服人员共 36 名，2019 年销售额比 2018 年销售额增加 2 000 万元，所以2019 年新增管理人员、销售人员和客服人员共 2 000/1 000×36＝72（名）。其中管理人员、销售人员和客服人员的比例是 1：5：3，所以新增销售人员为 72×（5/9）＝40（名）。

476. A　**解析▶**本题考查行为锚定评价法。采用行为锚定评价法进行员工绩效考核的步骤大致如下：①考核者确定某工作所包含的活动、内容和绩效指标；②为各绩效指标设定一组关键事件；③确定绩效等级与关键事件之间的对应关系，并将这些事件从好到坏进行排列，建立起行为锚定评分表；④参照行为锚定评分表，对被考核者的工作绩效进行考核。

477. C　**解析▶**本题考查福利的内容。住房公积金属于法定福利的内容。

478. B　**解析▶**本题考查激励薪酬。激励薪酬是指企业根据员工、团队或者企业自身的绩效而支付给员工的具有变动性质的薪酬。

479. B　**解析▶**本题考查基本薪酬设计。区间最高值＝区间中值×（1+薪酬浮动率），将数据直接带入得出结果是 3 600。

480. B　**解析▶**本题考查薪酬管理的相关内容。薪酬结构是指企业内部各个职位之间薪酬的相互关系，它反映了企业支付的薪酬的内部一致性。

481. D 　解析▶本题考查人力资源规划的主要内容。寻求人力资源需求与供给的动态平衡是人力资源规划的基点。

482. B 　解析▶本题考查激励薪酬。激励薪酬是企业根据员工、团队或者企业自身的绩效而支付给员工的具有变动性质的经济收入。

483. D 　解析▶本题考查比较法。比较法最常用的形式包括直接排序法、交替排序法和一一对比法。

484. D 　解析▶本题考查绩效考核的激励功能。绩效考核的根本目的在于促进员工完成绩效目标，增进绩效。给员工物质激励的绩效考核可以激发员工的积极性，促使员工更加积极、主动、规范地完成绩效目标。

485. D 　解析▶本题考查福利的内容。福利具有税收方面的优惠，可以使员工得到更多的实际收入。

486. A 　解析▶本题考查绩效考核的实施阶段。绩效沟通主要是管理者对下级人员完成绩效目标的情况进行了解，给予必要的督促、指导和建议，帮助他们克服困难，实现绩效目标。

487. C 　解析▶本题考查绩效考核方法中的比较法。比较法是将一名员工的工作绩效与其他员工进行比较，进而确定其绩效水平的考核方法。

488. B 　解析▶本题考查人力资源信息的外部环境信息。人力资源信息可以分为企业内部信息和外部环境信息两大类，其中企业内部信息包括企业发展战略、经营计划、人力资源现状（包括员工数量和构成、员工使用情况、教育培训情况、离职率和流动性等）。企业外部环境信息包括宏观经济形势和行业经济形势、技术发展趋势、产品市场竞争状况、劳动力市场供求状况、人口和社会发展趋势以及政府管制情况等。

489. C 　解析▶本题考查绩效的相关知识。员工个人绩效是其工作结果的直接反映，对其所在部门和整个企业的目标能否实现有直接的影响。

第九章　企业投融资决策及并购重组

刷基础

490. A 　解析▶本题考查早期资本结构理论中的净收益观点。净收益观点认为，由于债务资本成本率一般低于股权资本成本率，因此，公司的债务资本越多，债务资本比例就越高，综合资本成本率就越低，从而公司的价值就越大。

491. D 　解析▶本题考查永续年金现值的计算方法。优先股因为有固定的股利而无到期日，因此优先股股利有时可视为永续年金。$P = A/i = 6/10\% = 60（元）$。

492. D 　解析▶本题考查标准离差率的计算。标准离差率＝标准离差/期望报酬率＝$20\%/25\% = 80\%$。

493. D 　解析▶本题考查债券资本成本率的计算。债券的资本成本率＝$[100 \times 2\,000\,000 \times 8\% \times (1-25\%)] \div [200\,000\,000 \times (1-1.5\%)] = 8\% \times (1-25\%) \div (1-1.5\%) = 6.09\%$。

494. A 　解析▶本题考查投资回收期的计算。投资回收期＝原始投资额/每年的NCF＝300/140＝2.1（年）。

495. B 　解析▶本题考查一次性收付款项的复利终值计算。$F = P(1+i)^n = 1\,000 \times (1+12\%)^5 = 1\,762.34（万元）$。

496. C 解析▶本题考查以股抵债的相关知识。以股抵债为缺乏现金清偿能力的股东偿还公司债务提供了途径。

497. A 解析▶本题考查货币时间价值的概念。货币的时间价值原理正确地揭示不同时点上的资金之间的换算关系，是财务决策的基础。

498. C 解析▶本题考查递延年金的概念。递延年金是指在前几个周期内不支付款项，到了后面几个周期时才等额支付的年金形式。

499. A 解析▶本题考查先付年金的终值与现值。在 n 期后付年金终值的基础上乘以$(1+i)$，就是 n 期先付年金的终值。

500. D 解析▶本题考查项目风险的衡量和处理方法。项目风险的衡量和处理一般使用调整现金流量法和调整折现率法。

501. B 解析▶本题考查非贴现的现金流量指标。非贴现现金流量指标是指不考虑货币时间价值的指标，一般包括投资回收期(静态)和平均报酬率。

502. B 解析▶本题考查营业现金流量的计算。年净营业现金流量=净利+折旧=$400×(1-25\%)+20=320$(万元)。

503. B 解析▶本题考查收购与兼并。两个以上公司合并设立一个新的公司为新设合并，合并各方解散。

504. C 解析▶本题考查资本成本的内容。资本成本从绝对量的构成来看，包括用资费用和筹资费用两部分。

505. D 解析▶本题考查营业杠杆系数的概念。营业杠杆系数也称营业杠杆程度，是息税前盈余的变动率相当于销售额(营业额)变动率的倍数。

506. A 解析▶本题考查长期借款资本成本率的测算。$K_1 = \dfrac{I_1(1-T)}{L(1-F_1)} = \dfrac{2×6.5\%×(1-25\%)}{2×(1-0.5\%)} = 4.9\%$。

507. C 解析▶本题考查每股利润无差别点的概念。每股利润无差别点是指两种或两种以上筹资方案下普通股每股利润相等时的息税前盈余点。

508. A 解析▶本题考查现代资本结构理论。选项 A 错误，根据代理成本理论，债权资本适度的资本结构会增加股东的价值。

509. D 解析▶本题考查初始现金流量的计算。初始现金流量是指开始投资时发生的现金流量，包括固定资产投资、流动资产投资、其他投资费用、原有固定资产的变价收入。该项目的初始现金流量=$200+500+50=750$(万元)。

510. A 解析▶本题考查纵向并购。纵向并购，即处于同类产品且不同产销阶段的两个或多个企业所进行的并购。

511. C 解析▶本题考查总杠杆系数的计算。总杠杆系数=营业杠杆系数×财务杠杆系数=$1.2×1.2=1.44$。

512. C 解析▶本题考查资本资产定价模型的计算。股票的资本成本率=无风险报酬率+风险系数×(市场平均报酬率-无风险报酬率)=$3.5\%+1.2×(9.5\%-3.5\%)=10.7\%$。

513. B 解析▶本题考查每股利润分析法决策规则。当企业的实际 EBIT 大于无差别点时，选择资本成本固定型筹资方式(银行贷款、发行债券、优先股)筹资较为有利；实际 EBIT 小于无差别点时，选择资本成本非固定型筹资方式(普通股)筹资较为有利。

514. D　**解析▶** 本题考查企业价值评估。市销率也称价格营收比，是股票市值与销售收入（营业收入）的比率。目标企业的价值即销售收入（营业收入）乘以标准市销率。

515. B　**解析▶** 本题考查普通股资本成本的计算。$K_c = D/P_0 = 1.5/10 = 15\%$。

516. A　**解析▶** 本题考查企业收购的概念。企业收购是指一个企业用现金、有价证券等方式购买另一家企业的资产或股权，以获得对该企业控制权的一种经济行为。

517. B　**解析▶** 本题考查财务杠杆。财务杠杆系数＝息税前盈余÷（息税前盈余-债务年利息额）＝ $90÷(90-36) = 1.7$。

518. C　**解析▶** 本题考查营业现金流量的构成。在估算每年营业现金流量时，一般设定投资项目的每年销售收入等于营业现金收入，付现成本（需要当期支付现金的成本，不包括折旧）等于营业现金支出。

519. B　**解析▶** 本题考查后付年金终值的计算。$F = A×[(1+i)^n-1]/i = 50×[(1+6\%)^5-1]/6\% = 281.85$（万元）。

520. D　**解析▶** 本题考查平均报酬率的计算。平均报酬率＝平均现金流量/初始投资额× $100\% = [(200+330+240+220)÷4]/600×100\% = 41.25\%$。

521. B　**解析▶** 本题考查后付年金的现值。$P = A·\dfrac{1-(1+i)^{-n}}{i} = 10×\dfrac{1-(1+6\%)^{-2}}{6\%} = 18.33$（万元）。

522. D　**解析▶** 本题考查财务可行性评价指标的运用。在进行投资决策时，主要根据的是贴现指标。在互斥选择决策中，当选择结论不一致时，在无资本限量的情况下，以净现值为选择标准。

523. A　**解析▶** 本题考查财务杠杆系数的意义。财务杠杆是指由于债务利息等固定性融资成本的存在，使权益资本净利率（或每股收益）的变动率大于息税前盈余率（或息税前盈余）变动率的现象。财务杠杆系数是指普通股每股收益变动率与息税前盈余变动率的比值。

524. B　**解析▶** 本题考查并购重组。存续分立是指分立后，被分立企业仍存续经营，并且不改变企业名称和法人地位，同时分立企业作为另一个独立法人而存在。

525. A　**解析▶** 本题考查个别资本成本率。当借款合同附加补偿性余额条款的情况下，企业可运用的借款筹资额应扣除补偿性余额，此时借款的实际利率和资本成本率将会上升。

526. A　**解析▶** 本题考查早期资本结构理论中的净营业收益观点。净营业收益观点认为在公司的资本结构中，债权资本的多少、比例的高低，与公司的价值没有关系。

527. C　**解析▶** 本题考查债转股的含义。债转股是指公司债权人将其对公司享有的合法债权转为出资（认购股份），增加公司注册资本的行为。

528. A　**解析▶** 本题考查现金流量估算。估算投资方案的现金流量时，应遵循的最基本的原则：只有增量现金流量才是与项目相关的现金流量。

529. A　**解析▶** 本题考查财务杠杆。根据财务杠杆系数的公式：$DFL = \dfrac{EBIT}{EDIT\;I} = \dfrac{EBIT}{EBIT-I-\dfrac{D_p}{1-T}}$，$I$ 为债务年利息额，D_p 为优先股股息，T 为企业所得税税率，$EBIT$ 为息

税前盈余。所以，影响企业财务杠杆系数的因素为选项 A。

530. A **解析** ▶ 本题考查内部报酬率的含义。内部报酬率是使投资项目的净现值等于 0 的贴现率。

刷 进 阶 --- 高频进阶·强化提升

531. R **解析** ▶ 本题考查综合资本成本率的决定因素。个别资本成本率和各种资本结构两个因素决定综合资本成本率。

532. A **解析** ▶ 本题考查普通股资本成本率的测算。$K_c = R_f + \beta(R_m - R_f) = 6\% + 1.1 \times (10\% - 6\%) = 10.4\%$。

533. A **解析** ▶ 本题考查后付年金现值的计算。$P = A \cdot \dfrac{1-(1+i)^{-n}}{i} = 6 \times \{[1-(1+10\%)^{-3}]/10\%\} = 14.92(万元)$。

534. B **解析** ▶ 本题考查财务杠杆。财务杠杆系数＝息税前盈余额/(息税前盈余额−债务年利息额)，因此，选项 B 会影响财务杠杆系数的大小。

535. D **解析** ▶ 本题考查 MM 资本结构理论。在 MM 资本结构理论中，命题Ⅰ的基本含义是公司的价值不会受资本结构的影响。

536. B **解析** ▶ 本题考查营业杠杆。营业杠杆系数越大，表示企业息税前盈余对销售量变化的敏感程度越高，经营风险越大。

537. D **解析** ▶ 本题考查债转股。债转股带来的变化是公司的债务资本转成权益资本、该出资者身份由债权人身份转变为股东身份。根据题干可知此项交易属于债转股。

538. B **解析** ▶ 本题考查普通股资本成本率的计算。$K_c = D/P_0 = 1/15 = 6.67\%$。

539. B **解析** ▶ 本题考查资产置换的含义。资产置换是指交易者双方(有时可由多方)按某种约定价格(如谈判价格、评估价格等)，在某一时期内相互交换资产的交易。

540. D **解析** ▶ 本题考查财务杠杆的概念。财务杠杆也称融资杠杆，是指由于债务利息等固定性融资成本的存在，使权益资本净利率(或每股收益)的变动率大于息税前盈余率(或息税前盈余)变动率的现象。

541. C **解析** ▶ 本题考查债转股。债转股是指公司债权人将其对公司享有的合法债权转为出资(认购股份)，增加公司注册资本的行为。

542. D **解析** ▶ 本题考查企业重组的概念。企业重组是指企业以资本保值增值为目标，运用资产重组、负债重组和产权重组方式，优化企业资产结构、负债结构和产权结构，以充分利用现有资源，实现资源优化配置。

543. C **解析** ▶ 本题考查长期债券资本成本率的测算。企业债券资本成本中的利息费用可以在所得税前列支，但发行债券的筹资费用一般较高。

544. D **解析** ▶ 本题考查递延年金的概念。递延年金是指最初若干期没有收付款项，后面若干期才有等额收付的年金形式。

545. A **解析** ▶ 本题考查电子商务的特点。服务个性化：企业可利用网络追踪、数据挖掘等技术分析消费者的偏好、需求和购物习惯，同时将消费者的需求及时反馈到决策层，促进企业针对消费者而进行研究和开发活动，更好地为他们提供个性化服务。

546. C **解析** ▶ 本题考查投资必要报酬率的计算。风险报酬率＝风险报酬系数×标准离差率×100%＝10%×32%×100%＝3.2%，投资必要报酬率＝无风险报酬率+风险报酬率＝

5%+3.2%=8.2%。

547. C　**解析▶**本题考查风险报酬估计。风险报酬率=风险报酬系数×标准离差率×100%=40%×40%×100%=16%。

548. A　**解析▶**本题考查要约并购。要约并购是买方向目标公司的股东就收购股票的数量、价格、期限、支付方式等发布公开要约，以实现并购目标公司的并购方式。

549. A　**解析▶**本题考查现金流量估算。终结现金流量是指投资项目完结时所发生的现金流量，包括：（1）固定资产的残值收入或变价收入；（2）原来垫支在各种流动资产上的资金收回；（3）停止使用的土地变价收入等。终结现金流量=80+1 080=1 160（万元）。

550. B　**解析▶**本题考查先付年金的概念。先付年金是指从第一期起，在一定时期内每期期初等额收付的系列款项，又称即付年金。

551. A　**解析▶**本题考查市盈率法。市盈率是某种股票普通股每股市价（或市值）与每股盈利（或净利润总额）的比率。

552. C　**解析▶**本题考查终结现金流量。终结现金流量是指投资项目完结时所发生的现金流量。

553. A　**解析▶**本题考查货币时间价值的相关知识。在货币资金可以再投资的假设基础上，货币的时间价值通常是按复利计算的。

554. A　**解析▶**本题考查营业杠杆的概念。营业杠杆又称经营杠杆或营运杠杆，是指企业生产经营中，由于固定成本存在，当销售额（营业额）增减时，息税前盈余会有更大幅度的增减，定量衡量这一程度用营业杠杆系数。

555. D　**解析▶**本题考查并购效应。选项D属于公司分立的效应。

556. B　**解析▶**本题考查内部报酬率法的优点。内部报酬率法的优点是考虑了货币的时间价值，反映了投资项目的真实报酬率，且概念易于理解。其缺点是计算过程比较复杂，特别是每年的NCF不相等的投资项目，一般要经过多次测算才能求得。净现值法反映了各种投资方案的净收益。获利指数能够真实地反映投资项目的盈亏程度。

第十章　电子商务

刷 基 础

557. B　**解析▶**本题考查电子商务的功能。网络调研：电子商务能十分方便地采用网页上的"选择""填空"等格式文件来收集用户对商品、服务的意见，这样使企业不仅能提高服务水平，还能使企业的产品得到改进、充分发掘市场上的商业机会。

558. B　**解析▶**本题考查博客营销。博客营销本质在于通过原创专业化内容进行知识分享，争夺话语权，建立起个人品牌，树立自己"意见领袖"的身份，进而影响读者和消费者的思维和购买行为。

559. C　**解析▶**本题考查网络营销的特点。交互性：互联网通过展示商品图像、提供商品信息查询，来实现供需互动与双向沟通。还可以进行产品测试与消费者满意调查等活动。互联网为产品联合设计、商品信息发布以及各项技术服务提供最佳工具。

560. C　**解析▶**本题考查电子商务的功能。电子商务的网络调研功能：电子商务能十分方便地采用网页上的"选择""填空"等格式文件来收集用户对商品、服务的意见，这样不仅能使企业提高服务水平，还使企业获得了改进产品、发掘市场的商业机会。

561. A **解析▶** 本题考查网络营销的价格策略。网络营销中产品和服务的定价要考虑的因素有国际化、趋低化、弹性化和价格解释体系。

562. D **解析▶** 本题考查网络市场调研。专题讨论法可通过新闻组、电子公告牌或邮件列表讨论组进行。

563. D **解析▶** 本题考查电子商务的特点。交易虚拟化：通过以互联网为代表的计算机网络进行贸易，交易双方从开始洽谈、签约到订货、支付等，无须当面进行，均通过网络完成，整个交易完全虚拟化。

564. C **解析▶** 本题考查网络营销的方式。SNS营销就是利用SNS网站的分享和共享功能，在六维理论的基础上实现的一种营销。

565. D **解析▶** 本题考查网络市场间接调研的方法。网络市场间接调研的方法包括利用搜索引擎查找资料、访问相关网站收集资料、利用网上数据库查找资料。

566. A **解析▶** 本题考查电子商务中的商流、资金流、物流、信息流的关系。在电子商务中，商流是动机和目的，资金流是条件，物流是终结和归宿，信息流是手段。

567. A **解析▶** 本题考查CA认证中心。电子商务是一种在虚拟互联网空间进行的商务模式，为了保证相关主体身份的真实性和交易的安全性，这就需要一个具有权威性和公正性的第三方信任机构，即CA认证中心。

568. C **解析▶** 本题考查电子商务的一般框架。电子商务系统框架结构是电子商务系统中拓展性强的一种结构模式，它是由三个层次和四个支柱组成的。三个层次分别是网络层、信息发布层、一般业务服务层。

569. A **解析▶** 本题考查电子支付的分类。电子支票类，如电子支票、电子汇款、电子划款等。

570. B **解析▶** 本题考查完全电子商务。完全电子商务是电子商务发展的高级阶段。

571. B **解析▶** 本题考查第三方支付的相关知识。能够解决先付款还是先发货矛盾的电子支付方式是第三方支付。

572. C **解析▶** 本题考查电子商务的交易模式及一般流程。C2G是政府的电子商务行为，不以营利为目的。

573. D **解析▶** 本题考查电子商务的概念。根本上来说，电子商务是以商务活动为主体，以计算机网络为基础，以电子化方式为手段的商务模式。

574. C **解析▶** 本题考查系统设计与开发。网站艺术设计主要内容包括导航栏、排版、标志等。具体而言，就是需要确定网站的结构、栏目的设置、网站的风格、颜色搭配、版面布局以及文字图片的应用等。

575. B **解析▶** 本题考查企业实施电子商务的运作步骤。企业电子商务战略就是关于企业电子商务作为整体该如何运行的根本指导思想。

576. A **解析▶** 本题考查B2B商业模式。卖方控制型市场战略是指由单一卖方企业建立，以期寻求众多的买者，旨在建立或维持其在交易中的市场势力的市场战略。

577. A **解析▶** 本题考查电子支付的概念。电子支付过程中，货币债权以数字信息的方式被持有、处理、接收。

578. A **解析▶** 本题考查电子商务中的商流、资金流、物流、信息流。电子商务的"四流"指的是商流、资金流、物流、信息流。

579. D **解析▶** 本题考查网络市场间接调研的方法。网络市场间接调研主要是利用互联网收集与企业营销相关的市场、竞争者、消费者以及宏观环境等方面的二手资料信息。网上查找资料主要通过三种方法：利用搜索引擎；访问相关的网站，如各种专题性或综合性网站；利用相关的网上数据库。

580. C　解析▶本题考查电子支付。选项 C 错误，电子支付的工作环境基于一个开放的系统平台（即互联网）。

581. D　解析▶本题考查电子商务的分类。O2O 是线上对线下的电子商务。

刷 进 阶

582. D　解析▶本题考查 B2C。B2C 电子商务有三个基本组成部分：为顾客提供在线购物场所的网上商店；为顾客进行商品配送的物流系统；资金结算的电子支付系统。

583. B　解析▶本题考查电子商务产生的背景。在互联网开放的网络环境下，信息技术革命使得商业贸易活动买卖双方无须见面也能进行各种商贸活动成为可能，为电子商务的产生奠定了技术基础，从而产生了一种新型的商业运营模式，即电子商务。

584. B　解析▶本题考查网络营销的产品策略。产品标准化：这类产品的质量和性质有统一的标准，产品之间没有多大的差异，在购买前后质量都非常透明且稳定，不需在购买时进行检验或比较，如书刊、家电等。

585. D　解析▶本题考查电子商务的一般框架。电子商务的四支柱包括公共政策、技术标准、网络安全和法律规范。

586. C　解析▶本题考查电子商务运作系统的组成要素。电子商务是一种在虚拟互联网空间进行的商务模式，为了保证相关主体身份的真实性和交易的安全性，这就需要一个具有权威性和公正性的第三方信任机构，即 CA 认证中心。

587. D　解析▶本题考查移动支付。移动支付是指用户使用其移动终端（通常是手机）对所消费的商品或服务进行资金支付的一种支付方式，具体就是指单位或个人通过移动设备、互联网或者近距离传感器直接或间接向银行金融机构发送支付指令，产生货币支付与资金转移行为。

588. C　解析▶本题考查网络市场直接调研的方法。网上观察的实施主要是利用相关软件和人员记录登录网络浏览者的活动。相关软件能够记录登录网络浏览者浏览企业网页时所点击的内容。

589. D　解析▶本题考查企业实施电子商务的运作步骤。电子商务组织实施：企业开始实施电子商务活动，具体包括电子商务网站推广、试运行、评估反馈、完善、全面实施等。

590. C　解析▶本题考查电子商务的交易模式及一般流程。O2O 电子商务是指线上与线下协调集成的电子商务。某种程度上，O2O 是 B2C 的一种特殊形式。

591. C　解析▶本题考查网络软文营销。网络软文营销，又叫网络新闻营销，是指通过网络上门户网站、地方或行业网站等平台传播一些具有阐述性、新闻性和宣传性的文章，包括一些网络新闻通稿、深度报道、案例分析等，把企业、品牌、人物、产品、服务、活动项目等相关信息以新闻报道的方式，及时、全面、有效、经济地向社会公众广泛传播的新型营销方式。

592. A　解析▶本题考查网络营销的特点。网络营销的整合性指的是网络营销将商品信息至收款、售后服务做了很好的集成，因此也是一种全程的营销渠道。另一方面，企业可以借助互联网将不同的传播营销活动进行统一设计规划和协调实施，以统一的传播方式向消费者传达信息，避免不同传播中的不一致性产生消极影响。

593. C 　解析▶本题考查电子商务的交易模式。中介控制型市场战略是由买卖双方企业之外的第三者建立，以便匹配买卖双方的需求与价格的市场战略。

594. B 　解析▶本题考查网络营销的产品策略。有形产品的网上销售需要相应的物流配送系统作为支撑。

595. A 　解析▶本题考查电子商务中商流、资金流、物流、信息流的关系。在整个电子商务活动中，商流、资金流、物流必然伴随着信息的传递，一方面卖方向买方传递商品信息、结算信息、付货信息，一方面买方向卖方传递购买信息、付款信息、收货信息，这种信息的双向传递过程是电子商务活动达成的一种必需手段。

596. A 　解析▶本题考查网络营销的方式。电商直播营销，是一种主播基于网络平台和直播技术，推介商品并与消费者互动来促销的营销方式。

第十一章　国际商务运营

刷 基 础　　　　　　　　　　　　　　　　　　　　紧扣大纲·夯实基础

597. D 　解析▶本题考查国际直接投资的理论。边际产业扩张理论是由日本学者小岛清提出。小岛清认为，投资国应从处于或即将处于比较劣势的边际产业开始，积极促进制造业中的中小企业开拓对外直接投资。

598. D 　解析▶本题考查定程租船的特点。定程租船有以下特点：船舶的经营管理由船方负责；规定一定的航线和装运的货物种类、名称、数量以及装卸港口；船方除对船舶航行、驾驶、管理负责外，还应对货物运输负责；运费按所运货物数量计算，有时也采用整船包干运费；规定一定的装卸期限或装卸率，并计算滞期费、速遣费。

599. B 　解析▶本题考查跨国公司的市场进入模式。排他许可是指在一定期限和区域内，除了被许可方可以使用许可证协议下的技术之外，许可方自己也可以继续使用，但不得将这项技术再转让给第三方。

600. C 　解析▶本题考查国际直接投资。国际直接投资又称外国直接投资，是指以控制国（境）外企业的经营管理权为核心的对外投资。

601. D 　解析▶本题考查国际化经营模式。国际直接投资模式是花费资源最多、面临风险最大的模式，但同时对市场的渗透最完全，获得的控制权也最强。

602. A 　解析▶本题考查商品出口的主要业务环节。中性包装是指既不标明生产国别、地名和厂商名称，也不标明商标或牌号的包装。

603. D 　解析▶本题考查国际商务谈判。虚盘特点包括：在发盘中保留条件；发盘内容模糊，不做肯定表示；缺少主要交易条件。

604. A 　解析▶本题考查跨国公司的管理组织形式。国际业务部的优点是：集中加强对国际业务的管理；树立体现全球战略意图的国际市场意识，提高员工的国际业务水平。缺点是：人为地将国内、国外业务割裂开来，容易造成两个部门的对立，不利于资源优化配置；发展到一定阶段，其他部门难以与之匹配，反而影响企业经营效率。

刷 进 阶　　　　　　　　　　　　　　　　　　　　高频进阶·强化提升

605. D 　解析▶本题考查跨国公司的法律组织形式。母公司通常是指掌握其他公司的股份，从而实际上控制其他公司业务活动并使它们成为自己附属公司的公司。母公司通过制定方针、政策、战略等对其世界各地的分支机构进行管理。母公司通常本身也经营业务，但又区别于纯粹的控股公司。

606. B　**解析▶**本题考查跨国公司的管理组织形式。全球性地区结构的优点是：强化了各地区分部的盈利中心和独立实体地位，有利于制定出针对性强的产品营销策略，适应不同市场的需求，发挥各地区分部的积极性和创造性。缺点是：容易形成区位主义观念，重视地区业绩而忽视公司的全球战略目标和总体利益；忽视产品多样化，难以开展跨地区的新产品的研究与开发。

607. C　**解析▶**本题考查国际直接投资的理论。邓宁的国际生产折衷理论认为，跨国公司进行对外直接投资是由所有权优势、内部化优势以及区位优势这三个基本因素决定的。如果企业仅拥有一定的所有权优势，则只能选择以技术转让的形式参与国际经济活动；如果企业同时拥有所有权优势和内部化优势，则出口贸易是参与国际经济活动的一种较好形式；如果企业同时拥有所有权优势、内部化优势和区位优势，则发展对外直接投资是参与国际经济活动的较好形式，可以实现利润的最大化。

608. B　**解析▶**本题考查国际商务谈判。国际商务谈判的一般程序依次包括询盘、发盘、还盘和接受四个环节，其中发盘和接受是交易成立的基本环节，也是合同成立的必要条件。

609. D　**解析▶**本题考查国际商务谈判。CFR 的交货地点是指定装运港口。

610. C　**解析▶**本题考查国际贸易管理与规则。出口商对比合同审核信用证，审核无误后，按信用证的规定装运货物，并备齐各项货运单据，开出汇票，在信用证有效期内，送请当地银行(议付行)议付。

611. A　**解析▶**本题考查租船运输的方式。定期租船是由船舶出租人将船舶租给租船人使用一定期限，并在规定的期限内由租船人自行调度和经营管理。

612. A　**解析▶**本题考查商品出口的主要业务环节。收妥结汇方式下，议付行收到付款行的货款时，即从国外付款行收到该行账户的贷记通知书时，才按当日外汇牌价，按照出口企业的指示，将货款折成人民币拨入出口商的账户。

刷 多项选择题

第一章　企业战略与经营决策

刷 基 础　

613. BC　**解析▶**本题考查价值链分析法。选项 A、D、E 属于主体活动。

614. BDE　**解析▶**本题考查契约式战略联盟。契约式战略联盟是指主要通过契约交易形式构建的企业战略联盟，常见的形式有：(1)技术开发与研究联盟；(2)产品联盟；(3)营销联盟；(4)产业协调联盟。

615. ABDE　**解析▶**本题考查企业内部环境分析。企业内部环境分析包括企业核心竞争力分析、价值链分析、波士顿矩阵分析和内部因素评价矩阵(IFE 矩阵)。

616. BCE　**解析▶**本题考查头脑风暴法。头脑风暴法的目的在于创造一种自由思考与讨论的氛围，诱发创造性思维的共振和连锁反应，产生更多的创造性思维。头脑风暴法对预测有很高的价值，但这种方法本身仍存在缺点和弊端，即受心理因素影响较大，易屈服于权威或大多数人的意见，而忽视少数人的意见。

617. ADE　**解析▶**本题考查战略控制的方法。战略控制的方法包括杜邦分析法、平衡计分卡、利润计划轮盘。选项 B 是宏观环境分析方法，选项 C 是企业内部环境分析方法。

618. ABD　**解析▶**本题考查企业战略的层次。企业战略一般分为三个层次：企业总体战略、企业业务战略(也称竞争战略或事业部战略)和企业职能战略。

619. ABDE　**解析▶**本题考查平衡计分卡。平衡计分卡包括的四个角度：财务角度、顾客角度、内部流程角度、学习和创新角度。

620. BCD　**解析▶**本题考查国际市场进入模式。契约进入模式是指企业通过与目标市场国家的企业之间订立长期的、非投资性的无形资产转让合作合同或契约而进入目标市场的一种市场进入模式。它包括许可证经营、特许经营、合同制造、管理合同等多种形式。选项 AE 间接出口、直接出口属于贸易进入模式。

621. ACDE　**解析▶**本题考查定性决策方法。定性决策方法主要有头脑风暴法、德尔菲法、名义小组技术和哥顿法。

622. BCD　**解析▶**本题考查企业内部环境分析。企业内部环境分析包括企业核心竞争力分析、价值链分析、波士顿矩阵分析和内部因素评价矩阵。

623. ACE　**解析▶**本题考查基本竞争战略的类型。美国战略学家迈克尔·波特提出的基本竞争战略包括成本领先战略、差异化战略和集中战略。选项 B、D 属于企业成长战略。

624. ABD　**解析▶**本题考查企业经营决策。企业的经营决策要从企业总体层、业务层和职能层进行决策，这三个层次是从高到低、从宏观到微观，所以选项 C 错误。决策条件要受到各种外部和内部因素的相互影响和制约，所以选项 E 错误。

625. **ABDE** 解析▶本题考查钻石模型。根据钻石模型，波特教授认为决定一个国家某种产业竞争力的要素有四个，即生产要素，需求条件，相关支撑产业以及企业战略、产业结构和同业竞争。机会和政府属于钻石模型的两个变量。

626. **AB** 解析▶本题考查确定型的决策方法。确定型决策方法包括线性规划法、盈亏平衡点法。选项 C、D 属于风险型决策方法，选项 E 属于不确定型决策方法。

627. **BCDE** 解析▶本题考查相关多元化战略。企业实施相关多元化战略时，应符合以下条件：（1）企业可以将技术、生产能力从一种业务转向另一种业务。（2）企业可以将不同业务的相关活动合并在一起。（3）企业在新的业务中可以借用企业品牌的信誉。（4）企业能够创建有价值的竞争能力的协作方式并实施相关的价值链活动。选项 A 是实施非相关多元化战略的条件。

刷 进 阶 ┄┄┄┄┄┄┄┄┄┄┄┄┄┄┄┄┄┄┄┄┄┄┄┄┄┄ 高频进阶·强化提升

628. **ABCE** 解析▶本题考查转向战略。企业在实施转向战略时，可以通过调整组织结构、降低成本和投资、减少资产存量和加速收回企业资金等措施予以配合。

629. **ABDE** 解析▶本题考查定性决策方法。哥顿法并不明确地阐述决策问题，而是在给出抽象的主题之后，寻求卓越的构想。选项 C 错误。

630. **ABCE** 解析▶本题考查企业战略管理的相关内容。高层战略管理者是总体战略的责任者，其战略管理的重点是确立企业核心价值观，制定和实施企业的使命、目标、政策和策略。选项 D 错误。

631. **ABD** 解析▶本题考查行业竞争结构分析。当供应者具有以下特征时，将处于有利的地位：（1）供应者的行业由少数企业控制，而购买方却很多；（2）没有替代品；（3）购买者只购买供应者产品的一小部分。

632. **BCDE** 解析▶本题考查杜邦分析法的相关内容。杜邦分析法是基于财务指标的战略控制方法。选项 A 错误。

633. **ABCD** 解析▶本题考查国际市场进入模式。直接出口的主要形式包括设立国内出口部、借助国外经销商和代理商、设立驻外办事处和建立国外营销子公司四种类型。

634. **ABCE** 解析▶本题考查企业核心竞争力分析。核心竞争力是一个企业能够长期获得竞争优势的能力，是企业所特有的、能够经得起时间考验的、具有延展性的，并且是竞争对手难以模仿的技术或能力。

第二章　公司法人治理结构

刷 基 础 ┄┄┄┄┄┄┄┄┄┄┄┄┄┄┄┄┄┄┄┄┄┄┄┄┄┄ 紧扣大纲·夯实基础

635. **ABD** 解析▶本题考查企业的组织形式。与个人业主制企业和合伙制企业这类自然人企业相比较，公司法人具有以下基本特点：（1）资合的特质。（2）承担有限责任。（3）所有权与经营权相分离。

636. **BCDE** 解析▶本题考查我国的法人股东类型。在我国，可以成为法人股东的是企业法人（含外国企业）和社团法人、各类投资基金组织、代表国家进行投资的机构。

637. **ACD** 解析▶本题考查董事会的职权。选项 B 错误，股东会对公司的合并、分立、解散、清算或者变更公司形式做出决议。选项 E 错误，股东会审议批准公司的利润分配方案和弥补亏损方案。

638. ACDE　解析▶本题考查股东大会的种类及召集。监事会提议召开股东大会时应当在两个月内召开临时股东大会。

639. ABCE　解析▶本题考查独立董事向董事会和股东大会发表独立意见的事项。独立董事应当对以下事项向董事会或股东大会发表独立意见，这些事项为：（1）提名、任免董事；（2）聘任或解聘高级管理人员；（3）公司董事、高级管理人员的薪酬；（4）上市公司的股东、实际控制人及其关联企业对上市公司现有或新发生的总额高于 300 万元或高于上市公司最近经审计净资产值的 5%的借款或其他资金往来，以及公司是否采取有效措施回收欠款；（5）独立董事认为可能损害中小股东权益的事项；（6）公司章程规定的其他事项。选项 D 属于独立董事的职权。

640. BCDE　解析▶本题考查董事会的地位。在公司的实际经营活动中，董事会已不再单纯是股东机构决议的执行机构，而是兼有进行一般经营决策和执行股东机构重要决策的双重职能。

641. ACE　解析▶本题考查独立董事的任职资格。独立董事必须具有独立性，下列人员不得担任独立董事：（1）在上市公司或者其附属企业任职的人员及其直系亲属、主要社会关系；（2）直接或间接持有上市公司已发行股份 1%以上或者是上市公司前 10 名股东中的自然人股东及其直系亲属；（3）在直接或间接持有上市公司已发行股份 5%以上的股东单位或者在上市公司前 5 名股东单位任职的人员及其直系亲属；（4）最近 1 年内曾经具有前 3 项所列举情形的人员；（5）为上市公司或者其附属企业提供财务、法律、咨询等服务的人员；（6）公司章程规定的其他人员；（7）中国证监会认定的其他人员。

642. ABDE　解析▶本题考查经理机构的相关内容。选项 C 错误，经理只能在董事会或董事长授权的范围内对外代表公司。

643. BDE　解析▶本题考查公司的原始所有权和法人产权。法人产权表现为对公司财产的实际控制权。选项 A 错误。原始所有权和法人产权的客体是同一财产，反映的却是不同的经济法律关系。选项 C 错误。

644. BDE　解析▶本题考查股东的权利。选项 A 错误，股份只能转让不能退出；选项 C 错误，董事会具有经理人员的聘任权。

645. AB　解析▶本题考查股东大会的种类。股东大会会议由全体股东出席，分为年会和临时会议两种。

646. BCDE　解析▶本题考查董事会的性质。公司的最高权力机构是股东大会。选项 A 错误。

647. ABD　解析▶本题考查发起人股东的特点。同一般股东相比，发起人股东在义务、责任承担及资格限制上有自己的特点：对公司设立承担责任、股份转让受到一定限制、资格的取得受到一定限制。

648. ABD　解析▶本题考查股东大会、董事会、监事会和经营者之间的相互制衡关系。选项 C 错误，监事会是由股东会（和职工）选举产生并向股东会负责；选项 E 错误，经营者受聘于董事会。

649. ABC　解析▶本题考查股东的法律地位。公司股东作为出资者按投入公司的资本额享有所有者的资产收益、参与重大决策和选择管理者等权利。选项 DE 属于董事会的职权。

650. **ADE** 解析▶ 本题考查经理机构的职权。从本质上讲，经理被授予了部分董事会的职权，经理对董事会负责，行使下列职权：(1)主持公司的生产经营管理工作，组织实施董事会决议。(2)组织实施公司年度经营计划和投资方案。(3)拟订公司内部管理机构设置方案。(4)拟定公司的基本管理制度。(5)制定公司的具体规章。(6)提请聘任或者解聘公司副经理、财务负责人。(7)决定聘任或者解聘除应由董事会决定聘任或者解聘以外的负责管理人员。(8)公司章程和董事会授予的其他职权。

651. **AD** 解析▶ 本题考查国有独资公司的董事会。我国《公司法》规定，国有独资公司的董事每届任期不得超过 3 年。董事会成员由国有资产监督管理机构委派，但是，董事会成员中应当有公司职工代表。职工代表由公司职工代表大会选举产生，其比例由公司章程规定。

652. **ADE** 解析▶ 本题考查股份有限公司监事会的职权。监事会对董事、高级管理人员执行公司职务的行为进行监督，但没有处罚的职权，所以选项 B 不选。监事会制度是一种体现对董事、经理进行监督的制度，所以选项 C 不选。

653. **ABD** 解析▶ 本题考查公司所有者。原始所有权与法人产权的分离，这是公司所有权本身的分离，公司出资人的所有权转化为原始所有权，失去了对公司资产的实际占有权和支配权。法人产权是指公司作为法人对公司财产享有的占有、使用、收益和处分的权利。这是一种派生所有权，是所有权的经济行为。相对于公司原始所有权表现为股权而言，公司法人产权表现为对公司财产的实际控制权。

654. **ACE** 解析▶ 本题考查董事会的决议方式。第一，"一人一票"的原则。第二，多数通过原则。这两个原则结合起来，即董事会会议的表决实行"董事数额多数决"。

655. **ABCD** 解析▶ 本题考查国有独资公司的权力机构。重要的国有独资公司合并、分立、解散、申请破产的，应当由国有资产监督管理机构审核后，报本级人民政府批准。

第三章　市场营销与品牌管理

656. **ABCD** 解析▶ 本题考查市场营销微观环境。微观环境是指对企业服务其顾客的能力构成直接影响的各种力量，包括企业自身、供应商、竞争者、营销渠道企业、顾客和公众等各种要素。选项 E 属于宏观环境。

657. **CDE** 解析▶ 本题考查新产品开发策略。按照开发新产品的方式划分，新产品开发策略包括自主开发、协ος开发和联合研制。选项 A、B 是按照开发时机划分的结果。

658. **BCDE** 解析▶ 本题考查品牌战略的内容。品牌战略包括品牌有无决策、品牌持有决策、品牌质量决策、家族品牌决策、品牌延伸决策、多品牌决策与品牌重新定位决策七个方面的内容。

659. **DE** 解析▶ 本题考查市场渗透定价策略。市场渗透定价策略的优点有：低价能迅速打开新产品的销路，便于企业提高市场占有率；低价获利可阻止竞争者进入，便于企业长期占领市场。其缺点：投资的回收期长，价格变动余地小，难以应付在短期内突发的竞争或需求的较大变化。

660. ABDE　解析▶本题考查品牌资产。品牌知名度可分为无知名度、提示知名度、未提示知名度和顶端知名度四个阶段。

661. ABCD　解析▶本题考查市场营销宏观环境的内容。市场营销宏观环境包括人口环境、经济环境、自然环境、技术环境、政治和法律环境、社会文化环境。

662. BCDE　解析▶本题考查市场细分的相关知识。市场细分并不是通过产品本身的分类来细分市场，而是根据不同的顾客群体来进行细分市场，选项 A 错误。

663. CDE　解析▶本题考查市场定位的概念。产品的特色或个性，有的可以从产品实体上表现出来，如形状、成分、构造、性能等；有的可以从消费者心理反应上表现出来，如豪华、朴素、典雅等；有的则表现为质量水准等。

664. ACDE　解析▶本题考查常用营销财务目标。常用营销财务目标包括投资收益率、绝对市场占有率、相对市场占有率、销售增长率。

665. ABE　解析▶本题考查新产品的定价策略。实施撇脂定价策略的条件：产品的质量、形象必须与高价相符，且有足够的消费者能接受这种高价并愿意购买；产品必须有特色，竞争者在短期内不易打入市场。选项 C、D 是实施市场渗透定价策略的条件。

刷 进 阶

666. ABCD　解析▶本题考查产品组合策略。产品组合策略包括：扩大产品组合策略、缩减产品组合策略、产品线延伸策略、产品线现代化策略。

667. ABDE　解析▶本题考查常用的包装策略。常用的包装策略包括相似包装策略、个别包装策略、相关包装策略、分等级包装策略、分量包装策略、复用包装策略或双重用途包装策略、附赠品包装策略、改变包装策略。

668. AB　解析▶本题考查新产品开发策略。新产品开发策略按照新产品革新程度划分可以分为创新策略和模仿策略。

669. ABC　解析▶本题考查目标市场选择战略。在特定的目标市场内，可供企业选择的目标市场选择战略主要有无差异营销战略、差异性营销战略和集中性营销战略。

670. ABCD　解析▶本题考查直复营销。直复营销的主要方式包括直邮营销、电话营销、电视营销和网络营销。

第四章　分销渠道管理

刷 基 础

671. ABE　解析▶本题考查分销渠道运行绩效评估。分销渠道运行绩效评估是指厂商通过系统化的手段或措施，对分销渠道的运行效率和效果进行客观考核和评价的活动过程。通常从渠道畅通性、渠道覆盖率以及渠道财务绩效等方面进行评价。

672. ABCE　解析▶本题考查渠道冲突产生的原因。主要包括 7 种情况——除题目中的 4 个原因外还包括：观点差异、决策权分歧、期望差异。

673. ABCE　解析▶本题考查分销渠道管理目标和任务。分销渠道管理就是根据分销渠道的基本职能和性质开展的活动。其主要任务有：提出并制定分销目标；监测分销效率；协调渠道成员关系，解决渠道冲突；促进商品销售；修改和重建分销渠道。

674. BDE　解析▶本题考查工业品市场特点表现。选项 A 错误，应是顾客集中稳定；选项 C 错误，应是需求弹性小。

675. ABDE　解析▶本题考查厂家直供模式的优点。厂家直供模式的优点是：渠道短；信息反应快；服务及时；价格稳定；促销到位；易于控制。

676. ABCE　解析▶本题考查市场营销渠道的概念。市场营销渠道包括参与某种商品供产销过程的所有企业和个人，如供应商、生产者、各类中间商(批发商、零售商、代理商)、辅助商(如支持分销活动的仓储、运输、金融、广告代理机构等)以及最终消费者。

677. CE　解析▶本题考查渠道成员的激励。业务激励：(1)佣金总额动态管理；(2)灵活确定佣金比例；(3)安排经销商会议；(4)合作制订经营计划。

刷 进 阶

678. AD　解析▶本题考查渠道权力的来源。中介性权力包括奖励权、强迫权和法律法定权。

679. CD　解析▶本题考查渠道冲突的分类。根据利益冲突与对抗性行为的关系划分，将冲突分为四种类型：冲突、潜伏性冲突、虚假冲突和不冲突。

680. AB　解析▶本题考查渠道战略联盟。渠道战略联盟：经销商之间的战略联盟、供应商之间的战略联盟、供应商和经销商之间的战略联盟。

681. CDE　解析▶本题考查网络间接分销渠道。网上零售商主要有两种：一种是纯网络型零售商，如中国的当当网；另一种是传统零售企业触网，将传统业务与电子商务互相整合后形成的网上零售商，如美国的沃尔玛、中国的海尔顺逛商城等。

第五章　生产管理

刷 基 础

682. ABCE　解析▶本题考查制造资源计划的结构。制造资源计划结构的特点：计划的一贯性和可行性、数据的共享性、动态的应变性、模拟的预见性、物流和资金流的统一性。

683. BCDE　解析▶本题考查看板的功能。看板的功能主要有以下四点：生产以及运送的工作指令；防止过量生产和过量运送；进行"目视管理"的工具；改善的工具。

684. ABC　解析▶本题考查事后控制的优点。事后控制方式的优点是方法简便、控制工作量小、费用低。其缺点是在"事后"，本期的损失无法挽回。

685. ABDE　解析▶本题考查调度工作制度。调度工作制度包括调度值班制度、调度报告制度、调度会议制度、现场调度制度、班前班后小组会制度。

686. ABCD　解析▶本题考查企业资源计划。生产控制模块的主要内容有主生产计划、物料需求计划、能力需求计划、生产现场控制和制造标准等。

687. BCDE　解析▶本题考查生产计划的指标。生产计划应建立包括产品品种、产品质量、产品产量及产品产值四类指标为主要内容的生产指标体系。

688. CDE　解析▶本题考查生产控制的方式。根据生产管理的自身特点，生产控制方式有事后控制、事中控制、事前控制。

689. BDE　**解析▶** 本题考查物料需求计划。物料需求计划(MRP)的主要输入信息有主生产计划、物料清单和库存处理信息。

690. ACDE　**解析▶** 本题考查库存的合理控制。库存量过小所产生的问题：造成服务水平的下降，影响销售利润和企业信誉；造成生产系统原材料或其他物料供应不足，影响生产过程的正常进行；使订货间隔期缩短，订货次数增加，使订货(生产)成本提高；影响生产过程的均衡性和装配时的成套性。

691. ABDE　**解析▶** 本题考查生产作业控制。广义上生产作业控制通常包括生产进度控制、在制品控制、库存控制、生产调度等。

692. BCD　**解析▶** 本题考查生产控制的目的。生产控制既要保证生产过程协调地进行，又要保证以最少的人力和物力完成生产任务，所以它又是一种协调性和促进性的管理活动，是生产管理系统的一个重要组成部分。生产控制的目的是提高生产管理的有效性，即通过生产控制，使企业的生产活动既可在严格的计划指导下进行，满足品种、质量、数量和时间进度上的要求，又可按各种标准来消耗活劳动和物化劳动，以及减少资金占用。加速物资和资金的周转，实现成本目标，从而取得良好的经济效益。选项 B、C、D 是生产控制的目的。

693. ACDE　**解析▶** 本题考查设备组生产能力的计算。设备组生产能力的计算公式：M＝F×S×P 或 M＝F·S/t。其中，F 为单位设备有效工作时间；S 为设备数量；P 为产量定额；t 为时间定额。

刷进阶　　高频进阶·强化提升

694. BCDE　**解析▶** 本题考查企业资源计划的内容。生产控制模块是 ERP 的核心模块，它将分散的生产流程有机结合，加快生产速度，减少生产过程中材料、半成品的积压和浪费。这一模块的主要内容有主生产计划、物料需求计划、能力需求计划、生产现场控制、制造标准等。

695. ABCE　**解析▶** 本题考查单件小批生产企业。单件小批生产企业在安排产品生产进度时应注意：优先安排延期罚款多的订单；优先安排国家重点项目的订单；优先安排生产周期长、工序多的订单；优先安排原材料价值和产值高的订单；优先安排交货期紧的订单。

696. AB　**解析▶** 本题考查生产能力的种类。在企业确定生产规模，编制长远规划和确定扩建、改建方案，采取重大技术措施时，以设计生产能力或查定生产能力为依据。

697. CE　**解析▶** 本题考查在制品定额。流水线之间的在制品有运输在制品、周转在制品和保险在制品之分。当上一流水线的节拍与下一流水线的节拍相等时，只包括运输在制品和保险在制品；节拍不一致时，则只包括周转在制品和保险在制品。

第六章　物流管理

刷基础　　紧扣大纲·夯实基础

698. ABCE　**解析▶** 本题考查企业物流的活动。企业物流活动或者说物流的功能，一般认为有运输、仓储、装卸与搬运、包装、流通加工、物流信息传递以及配送等内容。

699. BCDE 　解析▶本题考查企业仓储管理的主要任务。企业仓储管理的主要任务有：仓储设施规划和利用；保管仓储物资；合理储备材料；降低物料成本；重视员工培训，提高员工业务水平；确保仓储物资的安全。

700. ABCE 　解析▶本题考查企业采购的功能。企业采购的功能有：生产成本控制功能；生产供应控制功能；产品质量控制功能；促进产品开发功能。选项D属于企业仓储管理的功能。

701. ABD 　解析▶本题考查企业销售物流管理的目标。企业销售物流管理的目标主要包括：(1)在适当的交货期，准确地向顾客发送商品；(2)对于顾客的订单，尽量减少和避免缺货；(3)合理设置仓库和配送中心，保持合理的商品库存；(4)使运输、装卸、保管和包装等操作省力化；(5)维持合理的物流费用；(6)使订单到发货的情报流动畅通无阻；(7)将销售额情报迅速提供给采购部门、生产部门和销售部门。选项C、E是企业销售物流管理的原则。

702. BE 　解析▶本题考查多品种大批量型生产过程的特点。多品种大批量型生产也称大批量定制生产，是以大批量生产的效率向客户提供多种定制产品的一种生产模式，它把大批量与定制两个方面有机结合起来，实现了客户的个性化和大批量生产的有机结合。

703. BCE 　解析▶本题考查物流管理的概念。物流管理不仅仅是对单个物流功能要素的管理，而是动态、全要素、全过程的管理。

704. DE 　解析▶本题考查企业生产物流的类型。选项A、B、C是从生产专业化的程度的角度对企业生产物流进行划分的。选项D、E是从物料在生产工艺过程中的流动特点的角度对企业生产物流进行划分的。

705. ABD 　解析▶本题考查推进式模式下企业生产物流管理的特点。选项C、E属于拉动式模式下企业生产物流管理的特点。

706. BCDE 　解析▶本题考查企业生产物流的基本特征。企业生产物流的基本特征主要有：连续性、流畅性；平行性、交叉性；比例性、协调性；均衡性、节奏性；准时性；柔性、适应性。

707. ABDE 　解析▶本题考查库存的含义和分类。库存按其所处生产过程中阶段的不同可分为原材料库存、零部件库存、半成品库存和成品库存。

708. ABDE 　解析▶本题考查不同模式下的企业生产物流管理。推进式模式下物流和信息流是完全分离的，拉动式模式下物流和信息流是结合在一起的，选项C错误。

709. ABCD 　解析▶本题考查企业生产物流管理的基本特征。企业生产物流管理的基本特征主要体现在以下六个方面：连续性、流畅性；平行性、交叉性；比例性、协调性；均衡性、节奏性；准时性；柔性、适应性。

710. ABC 　解析▶本题考查企业生产物流管理的目标。企业生产物流管理的目标有效率性、经济性、适应性目标。

711. ABCE 　解析▶本题考查企业销售物流管理效果的评价。企业销售物流的效率评价指标：销售物流的合理物流率、迅速物流及时率、准确完成物流率、耗损率、经济效率。选项D属于反映客户的满意程度的指标。

712. ABCE　解析▶本题考查企业销售物流的客户满意度评价指标。选项 D 错误，客户的投诉率＝投诉的客户数量÷客户的总数。

713. ABCD　解析▶本题考查企业销售物流的组织与控制。订单录入是指在订单实际履行前所进行的各项工作，主要包括以下方面：(1)核对订货信息的准确性。(2)检查所需的商品是否可得。(3)如有必要，准备补交订货单或取消订单的文件。(4)审核客户信息。发票的准备和邮寄属于订单履行的内容。

714. ABD　解析▶本题考查多品种小批量型生产物流的特征。选项 C 的正确表述是物料的消耗定额很容易确定，所以成本很容易降低。选项 E 是项目型生产物流的特征。

715. ACD　解析▶本题考查企业供应物流的基本流程。企业供应物流的基本流程由取得资源、组织到厂物流和组织厂内物流组成。

716. ABC　解析▶本题考查企业采购管理的特征。企业采购管理的特征：企业采购管理是从资源市场获取资源的过程。企业采购管理是信息流、商流和物流相结合的过程。企业采购管理是一种经济活动。

717. BCDE　解析▶本题考查看板的功能。看板的功能主要有以下四点：(1)生产以及运送的工作指令；(2)防止过量生产和过量运送；(3)进行"目视管理"的工具；(4)改善的工具。

718. BCE　解析▶本题考查保管业务。货架方式是使用通用和专用的货架进行货物堆码的方式，主要适用于存放不宜堆高、需特殊保管存放的小件包装的货物，如小百货、小五金、绸缎、医药品等。这种堆码方式能够提高仓库的利用率，减少差错，加快存取，但其适用范围较窄。

第七章　技术创新管理

719. BC　解析▶本题考查原始创新。原始创新是为未来发展奠定坚实基础的创新，其本质属性是原创性和第一性。

720. BD　解析▶本题考查项目组合评估。分析技术组合，对企业的每一项重要技术从两个维度进行分析，第一个维度代表某一具体技术对行业发展的重要性；另一个维度表示企业在此技术上的投资和相对竞争地位。

721. ACDE　解析▶本题考查企业联盟。选项 B 错误，联邦模式为了更好地对联盟的资源和技术力量进行统一管理，从而实现联盟内资源的优化调度，通常会建立联盟协调委员会。

722. ABCD　解析▶本题考查技术创新决策的定性评估方法。评分法的特点：(1)确定项目的评价标准或因素比较灵活，可以根据项目的实际情况而确定；(2)权重的确定也比较容易和灵活；(3)评价结果为一综合指标，因此便于对项目进行排序比较；(4)既可以考虑财务指标，又可以包括非财务因素；(5)简单，易于操作。评分法的缺点之一是不能提供和比较不同结果出现的可能性。

723. ACD　解析▶本题考查企业联盟。平行模式的企业联盟适用于某一市场机会的产品联合开发及长远战略合作，垂直供应链型企业适宜采用星形模式。选项 B 错误。平行模式联盟伙伴地位平等、独立，联邦模式外围层伙伴与核心层伙伴间的关系一般是技术外包或标准件供应关系选项 E 错误。

724. **ABCD** 解析▶本题考查管理创新动因。管理创新外部动因包括：社会文化环境的变迁、经济的发展变化、自然条件的约束、科学技术的发展。

725. **AE** 解析▶本题考查项目地图法。选项 B 错误，牡蛎型项目是企业根据长期技术发展战略对新兴或突破性技术的研究和开发项目，是企业长期竞争优势的源泉。选项 C 错误，珍珠型项目能够帮助企业开拓新市场、扩展新业务，为企业带来高额利润，是企业快速发展的动力。选项 D 错误，牡蛎型项目预期收益较高、技术成功概率低。

726. **ABDE** 解析▶本题考查知识产权的主要形式。我国承认并以法律形式加以保护的主要知识产权为：（1）著作权；（2）专利权；（3）商标权；（4）商业秘密；（5）其他有关知识产权。

727. **AE** 解析▶本题考查项目组合评估。常用的项目组合评估方法有矩阵法和项目地图法。

728. **ABCE** 解析▶本题考查企业技术创新的内部组织模式。企业技术创新的内部组织模式包括内企业、技术创新小组、新事业发展部和企业技术中心。

729. **ABDE** 解析▶本题考查跟随战略。技术跟随战略的市场开发重点是开发细分市场或挤占他人市场，选项 C 错误。

730. **ABCD** 解析▶本题考查管理创新的主要阶段。管理创新的主要阶段包括：发现及界定问题、寻求创新方案、评估和决策创新方案、实施及评价。

731. **ACD** 解析▶本题考查企业技术创新的内部组织模式。企业技术创新的内部组织模式有内企业、技术创新小组、新事业发展部、企业技术中心。选项 B、E 属于企业技术创新的外部组织模式。

732. **BDE** 解析▶本题考查技术创新企业联盟的组织运行模式。技术创新企业联盟的组织运行模式有星形模式、平行模式、联邦模式。

733. **BCE** 解析▶本题考查企业的研发模式。自主研发资金负担较大，委托研发商品化的速度较快。所以选项 A、D 不选。

734. **CD** 解析▶本题考查技术创新的含义。技术创新不是技术行为，而是一种经济行为。技术创新具有外部性。

735. **ABCD** 解析▶本题考查知识产权的主要形式。《TRIPS 协定》所列举的知识产权包括版权和相关权利、商标、地理标识、工业设计、专利、集成电路布图设计（拓扑图）和未披露信息，并对协议许可中的反竞争行为的控制做出了规定。

736. **ABC** 解析▶本题考查企业研发常用的模式。从研发主体以及技术来源来看，为实现同一研究目标，企业研发通常有以下三种模式：一是利用企业自身资源进行自主研发；二是整合企业外部资源，与其他企业进行合作研发；三是完全利用外部资源，委托其他单位完成研发，这种方式也叫作研发外包。

737. **ABE** 解析▶本题考查企业技术创新的外部组织模式。企业技术创新的外部组织模式有产学研联盟、企业—政府模式和企业联盟。选项 C、D 属于企业技术创新的内部组织模式。

738. **ABDE** 解析▶本题考查技术领先战略与跟随战略选择考虑的因素。领先战略的投资大、风险大，跟随战略的风险小，收益小。选项 C 错误。

739. **DE** 解析▶本题考查技术创新的分类。基于技术创新的新颖程度将技术创新分为渐进性创新和根本性创新。

740. **ABDE** 解析▶本题考查管理创新概述。管理创新的特点包括：基础性、风险性、全员性、动态性、系统性。

741. **ABD** 解析▶本题考查产学研联盟的主要模式。产学研联盟的主要模式有校内产学研合作模式、双向联合体合作模式、多向联合体合作模式、中介协调型合作模式。选项 E 属于企业和政府联盟的模式。

742. **BE** 解析▶本题考查领先战略与跟随战略的特征。采用领先战略，技术来源以自主研发为主。跟随战略的技术来源以模仿、引进为主，其核心技术一般不是自行开发的。领先战略的投资重点随技术开发的进而逐渐移动。跟随战略的投资重点则偏向于生产、销售环节，研究开发环节相对来说较少。

刷进阶 ········· 高频进阶·强化提升

743. **ABC** 解析▶本题考查技术创新战略的类型。根据技术来源的不同，可以将企业技术创新战略分为自主创新战略、模仿创新战略、合作创新战略。选项 DE 是根据企业行为方式的不同分类。

744. **ABCE** 解析▶本题考查管理创新的主要领域。管理方式方法创新，概括起来主要有以下五种情况：（1）采用一种新的管理手段；（2）实行一种新的管理方式；（3）提出一种新的资源利用措施；（4）采用一种更有效的业务流程；（5）创设一种新的工作方式等。

745. **ABD** 解析▶本题考查技术创新。技术创新的主要特点包括以下几点：（1）技术创新是一种经济行为；（2）技术创新是一项高风险活动；（3）技术创新时间的差异性。不同层次的技术创新所需的时间因其性质不同而异；（4）外部性；（5）一体化与国际化。技术创新的国际化也表现在两个方面：一是国际性、地区性机构正在发挥作用，即国家间的技术创新合作趋势正逐渐加强；二是技术开发机构多国籍化，即跨国公司技术开发或技术创新正在崛起。

746. **BDE** 解析▶本题考查技术创新战略的选择。跟随战略的基本特征：（1）技术来源：外部引进为主；（2）技术开发重点：工艺技术；（3）市场开发：开发细分市场或挤占他人市场；（4）投资重点：生产、销售。跟随战略的风险小，收益小。结合题干可知，选项 B、D、E 正确。

747. **ABCD** 解析▶本题考查国家创新体系。现阶段，我国国家创新体系建设重点：建设以企业为主体、产学研结合的技术创新体系，并将其作为全面推进国家创新体系建设的突破口；建设科学研究与高等教育有机结合的知识创新体系；建设军民结合、寓军于民的国防科技创新体系；建设各具特色和优势的区域创新体系；建设社会化、网络化的科技中介服务体系。

748. **CDE** 解析▶本题考查知识产权管理。世界知识产权组织把知识产权界定为：（1）关于文学、艺术和科学作品的权利；（2）关于表演艺术家的表演以及唱片和广播节目的权利；（3）关于人类一切活动领域的发明的权利；（4）关于科学发现的权利；（5）关于工业品外观设计的权利；（6）关于商标、服务标记以及商业名称和标志的权利；（7）关于制止不正当竞争的权利；(8)在工业、科学、文学艺术领域内由于智力创造活动而产生的一切其他权利。

749. CDE　　解析▶本题考查中介协调型合作模式的特点。中介协调型合作模式的特点是广泛收集产学研合作的供需信息，多形式传播信息，主动牵线搭桥，以中介人的身份协调各方分歧，并提供某种形式的担保，负责信息真实性的调查与利益分割等，可潜在地降低供需多方的风险程度，促进合作成功。选项 A、B 是多项联合休合作模式的特点。

第八章　人力资源规划与薪酬管理

刷　基　础　　　　　　　　　　　　　　　　　　紧扣大纲·夯实基础

750. CDE　　解析▶本题考查人力资源信息。人力资源信息可以分为企业内部信息和外部环境信息两大类，其中企业内部信息包括企业发展战略、经营计划、人力资源现状（包括员工数量和构成、员工使用情况、教育培训情况、离职率和流动性等）。企业外部环境信息包括宏观经济形势和行业经济形势、技术发展趋势、产品市场竞争状况、劳动力市场供求状况、人口和社会发展趋势以及政府管制情况等。

751. DE　　解析▶本题考查绩效考核的内容和标准。当前，企业对员工的绩效考核主要包括工作业绩、工作能力和工作态度三个考核项目。

752. ABCE　　解析▶本题考查绩效考核的步骤。绩效考核是对客观行为及其结果的主观评价，所以出现一些误差甚至错误往往是不可避免的。导致这些误差和错误的原因主要是出现在考核主体身上的晕轮效应、从众心理、优先与近期效应、逻辑推理效应和偏见效应等。

753. BCD　　解析▶本题考查人力资源的内部供给预测方法。人力资源的内部供给预测方法包括人员核查法、管理人员接续计划法、马尔可夫模型。选项 AE 属于人力资源需求预测法。

754. BDE　　解析▶本题考查绩效考核内容。企业对员工的绩效考核主要包括工作业绩、工作能力和工作态度三个考核项目。

755. ABD　　解析▶本题考查个人激励薪酬。绩效工资的四种形式包括绩效调薪、绩效奖金、月/季度浮动薪酬、特殊绩效认可计划。

756. ABDE　　解析▶本题考查福利的内容。与直接薪酬相比，福利具有自身独特的优势：(1)形式灵活多样，可以满足员工不同的需要；(2)福利具有典型的保健性质，可以减少员工的不满意，有助于吸引和保留员工，增强企业的凝聚力；(3)福利具有税收方面的优惠，可以使员工得到更多的实际收入；(4)企业来集体购买某种福利产品，具有规模效应，可以为员工节省一定的支出。福利在提高员工工作绩效方面的效果不如直接薪酬那么明显。选项 C 是福利存在的问题。

757. ACDE　　解析▶本题考查员工持股制度的相关知识。员工所持有的股份可以是企业无偿分配的，也可以是企业以优惠的价格卖给本企业员工的，选项 B 错误。

758. CE　　解析▶本题考查绩效的概念。绩效就其范围而言，可以分为企业绩效、部门绩效和员工个人绩效三种。

759. BCDE　　解析▶本题考查绩效考核的方法。常用的绩效考核方法主要有民主评议法、书面鉴定法、关键事件法、比较法、量表法。

760. ACDE　解析▶本题考查基本薪酬设计。一般来说，确定薪酬浮动率时要考虑以下几个主要因素：企业的薪酬支付能力、各薪酬等级自身的价值、各薪酬等级之间的价值差异、各薪酬等级的重叠比率等。

761. ABC　解析▶本题考查影响薪酬管理的主要因素。影响企业薪酬管理的员工个人因素主要包括员工所处的职位、员工的绩效表现和员工的工作年限。

762. ABC　解析▶本题考查人力资源规划的内容。企业人力资源规划中的劳动关系计划的目标主要有降低非期望离职率、改善劳动关系、减少投诉和争议。选项 D、E 属于人员培训开发计划的目标。

763. ABDE　解析▶本题考查以职位为导向的基本薪酬设计。以职位为导向的基本薪酬设计具体包括职位等级法、职位分类法、计点法和因素比较法四种。

764. ABCE　解析▶本题考查影响企业外部人力资源供给的因素。选项 D 属于企业内部因素。

765. DE　解析▶本题考查影响绩效的特点。影响绩效的主观因素包括知识与能力。激励与环境是客观因素。

刷 进 阶　

766. BCD　解析▶本题考查薪酬的功能。薪酬对员工的功能包括保障功能、激励功能、调节功能。选项 AE 属于薪酬对企业的功能。

767. DE　解析▶本题考查群体激励薪酬。群体激励薪酬主要有以下几种形式：(1)利润分享计划；(2)收益分享计划；(3)员工持股制度。

768. BCDE　解析▶本题考查宽带型薪酬结构的作用。宽带型薪酬结构的作用体现在：(1)支撑了扁平型组织结构的运行；(2)引导员工重视个人技能的增长和能力的提高；(3)有利于促进职位轮换与调整；(4)有利于员工适应劳动力市场的供求变化；(5)有利于管理人员及人力资源专业人员的角色转变；(6)有利于促进薪酬管理水平的提高。

769. ABC　解析▶本题考查影响薪酬管理的主要因素。一般来说影响企业薪酬管理各项决策的因素主要有三类：企业外部因素；企业内部因素；员工个人因素。

770. DE　解析▶本题考查影响薪酬浮动率的主要因素。确定薪酬浮动率时要考虑的主要因素有企业的薪酬支付能力、各薪酬等级自身的价值、各薪酬等级之间的价值差异、各等级的重叠比率等。

771. ABE　解析▶本题考查基本薪酬制度的设计方法。以职位为导向的基本薪酬制度的设计方法具体包括职位等级法、职位分类法、计点法和因素比较法；以技能为导向的基本薪酬制度设计方法包括以知识为基础的基本薪酬制度设计方法、以技能为基础的基本薪酬制度设计方法。选项 C、D 属于绩效考核的方法。

772. ABCD　解析▶本题考查影响人力资源内部需求的因素。影响人力资源内部需求的因素，除选项 ABCD 之外，还有一点是企业提高产品或服务质量或进入新市场的决策对人力资源需求的影响。选项 E 属于影响人力资源外部供给的因素。

773. AE　解析▶本题考查绩效考核实施阶段。绩效考核实施阶段的主要任务是绩效沟通与绩效考核评价。

774. ABC　解析▶本题考查绩效的特点。绩效作为一种工作结果和工作行为具有多因性、多维性和变动性的特点。

775. AB　**解析▶**本题考查人力资源的内部信息。人力资源信息可以分为企业内部信息和外部环境信息两大类，其中企业内部信息包括企业发展战略、经营计划、人力资源现状（包括员工数量和构成、员工使用情况、教育培训情况、离职率和流动性等）。企业外部环境信息包括宏观经济形势和行业经济形势、技术发展趋势、产品市场竞争状况、劳动力市场供求状况、人口和社会发展趋势以及政府管制情况等。

776. AB　**解析▶**本题考查人力资源规划各类别的目标。人员使用计划的目标包括优化部门编制和人员结构、改善绩效、人员合理配置、加强职务轮换等。

777. ABCD　**解析▶**本题考查企业人力资源规划的制定步骤。企业人力资源规划的制定步骤：(1)收集信息，分析企业经营战略对人力资源的要求；(2)进行人力资源需求与供给预测；(3)制定人力资源总体规划和各项具体计划；(4)人力资源规划实施与效果评价。

778. ABD　**解析▶**本题考查绩效考核的步骤。绩效考核的准备阶段的主要任务是制订绩效考核计划和做好技术准备工作。绩效考核的技术准备工作包括选择考核者、明确考核标准、确定考核方法等。

779. AE　**解析▶**本题考查个人激励薪酬。个人激励薪酬的主要形式包括：计件制、工时制和绩效工资。其中绩效工资的四种形式包括：绩效调薪、绩效奖金、月/季度浮动薪酬、特殊绩效认可计划。

第九章　企业投融资决策及并购重组

刷 基 础 ·· 紧扣大纲·夯实基础

780. ABC　**解析▶**本题考查企业并购的类型。按并购的实现方式划分，企业并购可分为协议并购、要约并购、二级市场并购。选项DE是按照是否利用被并购企业本身资产来支付并购资金划分的类型。

781. BC　**解析▶**本题考查综合资本成本率。个别资本成本率和各种资本结构两个因素决定综合资本成本率。

782. BC　**解析▶**本题考查企业价值评估。收益法常用的具体方法包括股利折现法和现金流量折现法。

783. ABC　**解析▶**本题考查初始现金流量。其他投资费用是指与长期投资有关的职工培训费、谈判费、注册费用。选项DE属于固定资产投资。

784. CE　**解析▶**本题考查以股抵债。子公司应将控股股东的股本冲减债权，所以总股本减少，债权减少，资产减少，负债不变，资产负债率提高（资产负债率＝负债/资产×100%）。

785. BC　**解析▶**本题考查普通股资本成本率的测算。影响普通股资本成本率的因素有普通股融资净额，即扣除筹资费用的融资额；股利。

786. BCD　**解析▶**本题考查筹资决策。股权资本的范畴：普通股、优先股和留用利润资本成本。选项AE属于长期债务资本成本。

787. BCE　**解析▶**本题考查企业并购的类型。按并购的实现方式划分，企业并购分为协议并购、要约并购、二级市场并购。按是否利用被并购企业本身资产来支付并购资金划分，企业并购可分为杠杆并购、非杠杆并购两种。

788. CD　**解析▶**本题考查资本成本。资本成本包括个别资本成本和综合资本成本。

789. CDE　**解析▶**本题考查贴现现金流量指标。贴现现金流量指标是指考虑货币时间价值的指标，包括净现值、内部报酬率、获利指数。

790. AB　**解析▶**本题考查资产置换与资产注入。资产注入是指交易双方中的一方将公司账面上的资产，可以是流动资产、固定资产、无形资产、股权中的某一项或某几项，按评估价或协议价注入对方公司。如果对方支付现金，则意味着资产注入方的资产变现；如果对方出股权，则意味着资产注入方得以资产出资进行投资或并购。

791. ABC　**解析▶**本题考查现代资本结构理论。现代资本结构理论包括代理成本理论、啄序理论、动态权衡理论、市场择时理论。选项 DE 属于早期资本结构理论。

刷　进　阶　　　　　　　　　　　　　　　　　　　　　　高频进阶·强化提升

792. AB　**解析▶**本题考查个别资本成本率。长期债务资本成本率需要考虑税收抵扣因素，包括：长期借款、长期债券。股权资本成本率的测算不考虑税收抵扣因素。

793. ABCE　**解析▶**本题考查对单项资产风险进行衡量的环节——确定概率分布、计算期望报酬率、计算标准离差、计算标准离差率。

794. DE　**解析▶**本题考查货币的时间价值观念。资金时间价值有两种表现形式：其一是相对数，即时间价值率，是扣除风险报酬和通货膨胀因素后的平均资金利润率或平均报酬率；其二是绝对数，即时间价值额，是一定数额的资金与时间价值率的乘积。

795. ABDE　**解析▶**本题考查货币的时间价值的相关内容。时间价值额是一定数额的资金与时间价值率的乘积。

796. AB　**解析▶**本题考查债转股。债转股可以使企业减少利息支出，降低债务比率，不会使股本减少，不影响应收账款周转率和存货周转率。

第十章　电子商务

刷　基　础　　　　　　　　　　　　　　　　　　　　　　紧扣大纲·夯实基础

797. ABCE　**解析▶**本题考查电子商务的一般框架。网络层是指网络基础设施，即所谓的"信息高速公路"，是实现电子商务的最底层的硬件基础设施，它包括远程通信网、有线电视网、无线通信网和互联网。

798. ABCE　**解析▶**本题考查电子货币的功能。电子货币的功能有转账结算、储蓄、兑现和消费贷款。

799. BCDE　**解析▶**本题考查电子商务的特点。电子商务的特点有市场全球化、跨时空限制、交易虚拟化、成本低廉化、交易透明化、操作方便化、服务个性化和运作高效化。

800. ABCE　**解析▶**本题考查网络市场调查的方法。网络市场直接调研的方法有四种：网上观察法、专题讨论法、在线问卷法和网上实验法。选项 D，利用网上数据库查找资料是网络市场间接调研的方法。

801. ADE　**解析▶**本题考查电子商务对企业经营管理的影响。电子商务对企业管理模式的影响主要有：(1)企业内部构造了内网、数据库；(2)企业管理由集权制向分权制转换；(3)组织流程"并行"。

802. **ABCD** 解析▶ 本题考查网络营销的特点。网络营销的特点有跨时域性、交互式、个性化、经济性、多维性、超前性、整合性、高效性和技术性。

803. **ABCD** 解析▶ 本题考查电子商务的功能。电子商务的功能有：广告宣传、咨询洽谈、网上订购、电子支付、网上服务、网络调研、交易管理。

804. **ABDE** 解析▶ 本题考查电子商务的功能。电子商务可提供网上交易和管理等全过程的服务。因此，它具有广告宣传、咨询洽谈、网上订购、电子支付、网上服务、网络调研、交易管理等多项功能。

805. **AB** 解析▶ 本题考查网络市场直接调研的方法。网络市场直接调研指的是在互联网上收集一手资料或原始信息的过程。按调查的思路不同直接调研的方法有四种：网上观察法、专题讨论法、在线问卷法和网上实验法。使用最多的是专题讨论法和在线问卷法。

806. **ABDE** 解析▶ 本题考查系统设计与开发。电子商务系统设计与开发包括功能设计、流程设计、网站设计、数据库设计、系统开发。

807. **CDE** 解析▶ 本题考查电子商务的一般框架。电子商务系统框架结构是电子商务系统中拓展性强的一种结构模式，它是由三个层次和四个支柱组成的。三个层次主要包括网络层、信息发布(传输)层和一般业务服务层。

808. **ABCD** 解析▶ 本题考查网络营销的方式。搜索引擎营销主要方法包括：竞价排名、分类目录登录、搜索引擎登录、付费搜索引擎广告、关键词广告、搜索引擎优化(搜索引擎自然排名)、地址栏搜索、网站链接策略等。

第十一章 国际商务运营

809. **CD** 解析▶ 本题考查国际直接投资的动机。降低成本导向型动机主要有以下几种情况：(1)出于获取自然资源和原材料方面的考虑。(2)出于利用国外廉价的劳动力和土地等生产要素方面的考虑。(3)出于规避汇率风险方面的考虑。(4)出于利用各国关税税率的高低来降低生产成本方面的考虑。(5)出于利用闲置的设备、工业产权与专有技术等技术资源方面的考虑。

810. **ACDE** 解析▶ 本题考查国际直接投资。国际直接投资动机类型包括：市场导向型动机、降低成本导向型动机、技术与管理导向型动机、分散投资风险导向型动机、优惠政策导向型动机。

811. **ACD** 解析▶ 本题考查国际化经营的市场进入模式。国际企业进入国外市场时有三种市场进入模式，分别是出口模式、合同模式和投资模式。

812. **ABDE** 解析▶ 本题考查跨国公司组织形式。跨国公司的特征包括：(1)跨国公司以整个世界市场为目标市场，实施国际化的经营战略，其战略具有全球性。(2)在全球战略指导下进行集中管理。(3)具有明显的内部化优势。(4)经营手段以直接投资为基础。

813. **ACDE** 解析▶ 本题考查并购。选项 B 错误。由于被并购企业所在国的会计准则与财务制度往往与投资者所在国存在差异，所以有时候难以准确评估被并购企业的财务真实情况，导致并购目标企业的实际投资金额增加。

814. ACD　解析▶本题考查许可贸易的分类。根据使用技术的地域范围和使用权的大小，许可贸易可以分为：独占许可、排他许可、普通许可、分许可和交叉许可。

刷 进 阶

815. BCE　解析▶本题考查子公司。子公司是指按当地法律注册成立，由母公司控制但法律上是一个独立的法律实体的企业机构。子公司自身是一个完整的公司，有独立的名称、章程和行政管理机构；有自己能独立支配的财产，自负盈亏；可以以自己的名义开展业务。

816. ABDE　解析▶本题考查国际化经营的市场进入模式。选项 C 错误，从宏观角度来看，由于出口有利于增加国内就业、增加国家外汇收入、提高本国企业的国际竞争力，因此一直受到各国政府的鼓励。

817. ACDE　解析▶本题考查商品出口的主要业务环节。看货买卖属于以实务的方式表示的质量。

818. ACDE　解析▶本题考查租船运输的基本方式。租船方式主要有以下两种：(1)定程租船又称航次租船；(2)定期租船简称期租船。注意不同方式的别称与简称。

819. BCD　解析▶本题考查商品进口的主要业务环节。进口索赔的对象包括卖方、承运人、保险人。

820. ACDE　解析▶本题考查国际商务谈判。FOB 适用海运或内河水运。

刷 案例分析题

第一章　企业战略与经营决策

刷 冲 关

（一）

821. C　解析▶本题考查行业生命周期分析。进入成熟期，一方面行业的市场已趋于饱和，销售额已难以增长，在此阶段的后期甚至会开始下降；另一方面行业内部竞争异常激烈，企业间的合并、兼并大量出现，许多小企业退出，于是行业由分散走向集中。根据题干表述，该企业处于成熟期。

822. ABD　解析▶本题考查企业战略的类型。"该企业加强内部成本控制，以低成本获得竞争优势"，这实施的是成本领先战略。"推出具有特色的内衣洗衣机"，属于差异化战略。"该企业积极进军手机行业"，属于多元化战略。所以选ABD。

823. B　解析▶本题考查折中原则。

甲产品的损益值为 $520 \times 0.75 + (-270) \times (1-0.75) = 322.5$（万元）

乙产品的损益值为 $500 \times 0.75 + (-200) \times (1-0.75) = 325$（万元）

丙产品的损益值为 $450 \times 0.75 + (-150) \times (1-0.75) = 300$（万元）

丁产品的损益值为 $400 \times 0.75 + 80 \times (1-0.75) = 320$（万元）

$Max\{322.5, 325, 300, 320\} = 325$，对应的方案为乙产品。

824. ACD　解析▶本题考查定性决策方法。定性决策方法包括头脑风暴法、德尔菲法、名义小组技术和哥顿法。选项B是战略控制的方法。

（二）

825. ABC　解析▶本题考查企业战略的类型。并购活动属于横向一体化战略。该农场决定将业务范围扩大到农产品的深加工领域，进行儿童食品的生产，这属于前向一体化战略。该农场既有农产品的种植，又有儿童食品的生产，这实行的是多元化战略。

826. AC　解析▶本题考查企业外部环境分析。著名战略管理学家迈克·波特教授提出的"五力模型"是分析行业结构的重要工具。在一个行业里，普遍存在着五种基本竞争力量，即新进入者的威胁、行业中现有企业间的竞争、替代品的威胁、购买者的谈判能力和供应者的谈判能力。

827. C　解析▶本题考查后悔值原则。

市场状态 方案　　后悔值	畅销	一般	滞销	max
生产 A 果汁	40	10	0	40
生产 B 果汁	30	20	5	30
生产 C 果汁	20	10	10	20
生产 D 果汁	0	0	50	50

各方案的最大后悔值为 $\{40，30，20，50\}$，取其最小值 $\min\{40，30，20，50\}=20$。对应的方案为生产 C 果汁。

828. ABC　**解析**▶本题考查企业核心竞争力分析。企业核心竞争力的特征主要体现在以下方面：价值性、异质性、延展性、持久性、难以转移性和难以复制性。

（三）

829. AD　**解析**▶本题考查企业的战略选择。该公司不断针对不同类型人群，推出具有独特功能和款式的新型手机，这采取的是差异化战略。该公司同时涉及手机、计算机、网络、软件等领域，它们都属于相关联的行业，所实施的是相关多元化战略。因此选 AD。

830. ABC　**解析**▶本题考查紧缩战略的类型。紧缩战略的类型有转向战略、放弃战略和清算战略。选项 D 属于稳定战略。

831. C　**解析**▶本题考查不确定型决策方法中的乐观原则。采取乐观原则计算如下。

市场状态 方案　　损益值	畅销	一般	滞销	max
A 型	50	40	10	50
B 型	70	50	0	70
C 型	80	60	−10	80

$\max\{50，70，80\}=80$，对应的 C 型为选取方案。

832. C　**解析**▶本题考查不确定型决策方法中的等概率原则。各方案的平均值如下。

A 型：$50×1/3+40×1/3+10×1/3≈33$。

B 型：$70×1/3+50×1/3+0×1/3=40$。

C 型：$80×1/3+60×1/3+(-10)×1/3≈43$。

$\max\{33，40，43\}=43$，应选 C 型。

（四）

833. B　**解析**▶本题考查 SWOT 分析法。WO 战略：利用环境机会，克服企业劣势。

834. ABC　**解析**▶本题考查企业战略类型的选择。加强内部成本控制，降低产品价格，属于成本领先战略；通过并购扩大企业生产规模属于横向一体化战略；独家推出保护视力的液晶电视属于差异化战略。

835. A　**解析**▶本题考查后悔值原则的计算。

市场状态 方案　　后悔值	畅销	一般	滞销	max
甲产品	60	110	50	110
乙产品	20	0	150	150
丙产品	150	160	00	160
丁产品	0	20	200	200

$\min\{110,150,160,200\}=110$，因此，生产甲产品可以使企业获得最大经济效益。

836. B　**解析** ▶ 本题考查不确定型决策的概念。案例中三种市场状态发生的概率无法预测，所以是不确定型决策。

（五）

837. BD　**解析** ▶ 本题考查企业战略的选择。该汽车公司不断针对不同类型人群，推出具有独特功能和款式的新型号汽车，这采取的是差异化战略。而且又同时在家电、医药、建筑等多个领域进行经营，所以又采取了多元化战略。

838. C　**解析** ▶ 本题考查折中原则的计算。采取折中原则 C 型汽车可以获得的经济效益为 $800×0.7+(-200)×(1-0.7)=500$（万元）。

839. B　**解析** ▶ 本题考查后悔值原则的计算。采取后悔值原则计算如下。

市场状态 车型　　后悔值	畅销	一般	滞销	max
A 型汽车	200	200	0	200
B 型汽车	100	0	100	100
C 型汽车	0	100	300	300

各方案的最大后悔值为 $\{200,100,300\}$，取其中最小值 $\min\{200,100,300\}=100$，对应的 B 型汽车为选取方案，因此本题选 B。

840. B　**解析** ▶ 本题考查不确定型决策的方法。折中原则和后悔值原则是不确定型决策常遵循的思考原则。

（六）

841. D　**解析** ▶ 本题考查企业战略的类型。房地产与制药行业是不相关的行业，所以该房地产公司实施的是非相关多元化战略。

842. BD　**解析** ▶ 本题考查风险型决策方法。该公司进行的决策属于风险型决策，其具有一定的风险，所以选项 A 错误。借助数学模型进行判断的是确定型决策，所以选项 C 错误。

843. A　**解析** ▶ 本题考查风险型决策方法中的期望损益决策法。生产甲药方案的期望值 $=45×0.3+20×0.5+(-15)×0.2=20.5$（万元）。

844. B　**解析** ▶ 本题考查期望损益决策法的步骤。运用期望损益决策法决策的第一步是确定决策目标。

（七）

845. **B** 解析▶本题考查契约式战略联盟。产品联盟是指两个或两个以上的企业为了增强企业的生产和经营实力，通过联合生产、贴牌生产、供求联盟、生产业务外包等形式扩大生产规模、降低生产成本，提高产品价值。本案例中汽车生产企业通过联合生产形式与外国汽车公司建立的战略联盟属于产品联盟。

846. **ABD** 解析▶本题考查企业战略类型。为降低企业的生产成本，自主生产和供应汽车配件，属于成本领先战略。该企业进军汽车配件行业，属于后向一体化战略。该企业为扩大利润，建立手机事业部，推出自主品牌的新型手机，属于多元化战略。

847. **C** 解析▶本题考查折中原则的计算方法。

甲：$430×0.75+50×0.25=335$（万元）。

乙：$440×0.75+(-100)×0.25=305$（万元）。

丙：$500×0.75+(-120)×0.25=345$（万元）。

丁：$530×0.75+(-220)×0.25=342.5$（万元）。

取加权平均值最大者，即 $\max\{335，305，345，342.5\}=345$，即应选择丙方案。

848. **A** 解析▶本题考查后悔值原则的计算方法。

市场状态 方案　　后悔值	市场需求高	市场需求一般	市场需求低	max
甲产品	10	40	20	40
乙产品	15	50	0	50
丙产品	0	10	40	40
丁产品	30	0	10	30

各方案的最大后悔值为 $\{100，150，170，270\}$，取最小值 $\min\{100，150，170，270\}=100$，对应的方案甲即为用最小后悔原则选取的方案。

（八）

849. **B** 解析▶本题考查基本竞争战略。该餐厅为满足不同年龄段人群，推出老年健康套餐、减肥营养套餐、成长助力套餐属于差异化战略。

850. **ABC** 解析▶本题考查密集型成长战略。密集型成长战略的形式有市场渗透、市场开发、新产品开发。

851. **A** 解析▶本题考查后悔值原则的计算。

市场状态 方案　　后悔值	畅销	一般	滞销	max
A方案	0	10	10	10
B方案	20	10	0	20
C方案	10	0	40	40
D方案	40	30	30	40

$\min\{10, 20, 40, 40\} = 10$，即 A 方案为获得最大经济效益的方案。

852. C　解析▶本题考查折中原则。根据折中原则，A 方案的经济效益 = 90×0.75+20×（1-0.75）= 72.5（万元）。

（九）

853. BCD　解析▶本题考查定性决策方法。定性决策方法主要有下述四种：头脑风暴法、德尔菲法、名义小组技术、哥顿法。

854. BCD　解析▶本题考查密集型成长战略。一般来说，密集型成长战略主要有市场渗透、市场开发和新产品开发三种具体的战略形式。

855. ABC　解析▶本题考查 7S 模型。7S 模型认为，企业战略、结构、制度是企业成功的"硬件"，而风格、人员、技能和共同价值观是企业成功的"软件"。

856. D　解析▶本题考查后悔值原则的计算方法。

后悔值 ＼ 市场状态	市场需求高	市场需求一般	市场需求低	max
甲饼干	58−58＝0	36−36＝0	25−15＝10	10
乙饼干	58−49＝9	36−32＝4	25−21＝4	9
丙饼干	58−47＝11	36−30＝6	25−25＝0	11
丁饼干	58−53＝5	36−33＝3	25−19＝6	6

$\min\{10, 9, 11, 6\} = 6$，对应的丁饼干即为用最小后悔原则选取的方案。

第三章　市场营销与品牌管理

刷冲关 ——————————————————————举一反三·高效提优

（十）

857. C　解析▶本题考查产品组合策略。产品组合的宽度是指企业所经营的不同产品线的数量。"甲企业生产经营冰箱、电视、空调、油烟机四类产品"，智能热水器上市后宽度为 5。

858. D　解析▶本题考查定价策略。撇脂定价策略是一种短期内追求最大利润的高价策略，是指在新产品上市之初，将价格定得很高，以便尽可能在短期内赚取高额利润。"为在短期获得高额利润，决定将智能热水器定价较高"属于撇脂定价策略。

859. C　解析▶本题考查促销策略。销售促进是指在一个较大的目标市场中，为了刺激需求而采取的能够迅速产生激励作用的促销措施。针对消费者经常使用的销售促进，有免费赠送、折价券、特价包、有奖销售、商店陈列和现场表演等方式。

860. B　解析▶本题考查定价方法。产品价格 = 单位成本×（1+加成率）= ［（24 000+16 000）/20］×（1+20%）= 2 400（元）。

（十一）

861. B　解析▶本题考查产品组合定价策略中的附属产品定价策略。有些产品在使用中是伴随其他商品的消费，这些产品称为附属产品，例如剃须刀和刀片，一般将主要品的价格定得较低，同时对附属产品制定较高的价格。题干的表述符合附属产品定价策略。

862. D　解析▶本题考查成本加成定价法。单位成本 = 单位可变成本+固定成本÷销售量 =

120+180 万÷6 万＝150（元），产品价格＝单位成本×（1＋加成率）＝150×（1＋30%）＝195（元）。

863. D　**解析**▶本题考查目标利润定价法。目标价格＝（总成本＋投资额×投资收益率）÷总销量＝（180＋120×6＋300×20%）÷6＝160（元）。

864. B　**解析**▶本题考查不同类型商品分销渠道的构建。选购品是指消费者对产品或服务的价格、质量、款式、耐用性等进行比较之后才会购买的产品，如家用电器、服装、美容美发产品等。

（十二）

865. C　**解析**▶本题考查产品组合定价策略中的产品线定价。该玩具企业生产经营高、中、低三种价格档次的玩具，符合产品线定价策略。

866. D　**解析**▶本题考查成本加成定价法的计算。单位成本＝单位可变成本＋固定成本÷销售量＝15＋35÷5＝22（元），产品价格＝产品单位成本×（1＋加成率）＝22×（1＋30%）＝28.6（元）。

867. C　**解析**▶本题考查目标利润定价法。单位成本＝单位可变成本＋固定成本÷销售量＝15＋350 000÷50 000＝22（元）。目标价格＝（总成本＋投资额×投资收益率）÷总销量＝单位成本＋投资额×投资收益率÷销售量＝22＋30%×1 500 000÷50 000＝31（元）。

868. A　**解析**▶本题考查分销渠道运行绩效评估。商品周转速度是指商品在渠道流通环节停留的时间。

（十三）

869. C　**解析**▶本题考查成本加成定价法的计算。单位成本＝单位可变成本＋固定成本÷销售量＝220＋2 000 000÷50 000＝260（元），产品价格＝产品单位成本×（1＋加成率）＝260×（1＋20%）＝312（元）。

870. A　**解析**▶本题考查宏观环境的概念。宏观环境是指那些给企业造成市场机会和环境威胁的主要社会力量，它是间接影响企业营销活动的各种环境因素之和。

871. A　**解析**▶本题考查分销渠道的内容。分销渠道的参与者包括生产者、中间商、消费者。

872. ABC　**解析**▶本题考查渠道成员管理。激励渠道成员常用的方法有沟通激励、业务激励和扶持激励。

（十四）

873. B　**解析**▶本题考查目标市场选择战略。由于图书市场呈现较强的异质性，为获取竞争优势，应优先采取差异性营销战略。差异性营销战略是一种以市场细分为基础的营销策略，而市场细分的基础是消费需求的差异性。

874. ABC　**解析**▶本题考查消费者市场分析的标准。消费者市场细分的主要变量有地理变量、人口变量、心理变量和行为变量。

875. B　**解析**▶本题考查成本加成定价法的计算。产品价格＝单位成本×（1＋加成率）＝20×（1＋20%）＝24（元）。

876. AB　**解析**▶本题考查需求导向定价法的具体方法。需求导向定价法主要包括认知价值定价法和需求差别定价法。

（十五）

877. A　**解析**▶本题考查产品组合的基本概念。产品组合的长度是指产品组合中所包含的产品项目的总数。长度=10+8+15+6=39。

878. C 解析▶本题考查产品组合定价策略。森林系列玩具分为高中低三种价格档次，价格分别为300元、100元和30元。属于产品线定价策略。

879. A 解析▶本题考查目标利润定价法。目标价格=（总成本+投资额×投资收益率）÷总销量=（120+100+20%×400）÷6=50（元）。

880. D 解析▶本题考查定价策略。市场渗透定价策略是一种低价策略，是指在新产品上市之初，将价格定得较低，利用物美价廉的优势迅速占领市场，取得较高市场占有率，以获得较大利润。

（十六）

881. C 解析▶本题考查定价方法。目标利润=投资额×投资收益率=5 000×30%=1 500（万元）。

882. A 解析▶本题考查促销策略。广告是指广告主以付费的方式，有计划地通过媒体向所选定的消费对象宣传有关商品或服务的优点和特色，引起消费者注意，说服消费者购买使用的促销方式。

883. ABD 解析▶本题考查消除渠道差距的思路。消除供应方渠道差距的方法包括：（1）改变当前渠道成员的角色；（2）利用新的分销技术降低成本；（3）引进新的分销专家，改进渠道运营。

884. C 解析▶本题考查拉引策略。拉引策略即生产商为唤起顾客的需求，主要利用广告与公共关系等手段，极力向消费者介绍产品及企业，使他们产生兴趣，吸引、诱导他们来购买。这个策略表明生产商的营销努力针对最终消费者，引导他们购买产品，因而对卖方比较有利，在销售时具有主动性。

第五章　生产管理

刷 冲 关　　　　　　　　　　　　　　　　　　　举一反三·高效提优

（十七）

885. C 解析▶本题考查提前期法。提前期法又称累计编号法，适用于成批轮番生产类型企业的生产作业计划编制，是成批轮番生产作业计划重要的期量标准之一。

886. A 解析▶本题考查提前期法。本车间出产累计号数=最后车间出产累计号+本车间出产提前期×最后车间平均日产量=2 500+40×20=3 300（号）。

887. A 解析▶本题考查提前期法。本车间投入累计号数=最后车间出产累计号+本车间投入提前期×最后车间平均日产量=2 500+（40+40）×20=4 100（号）。

888. ACD 解析▶本题考查提前期法。提前期法的优点：（1）各个车间可以平衡地编制生产作业计划；（2）不需要预计当月任务完成情况；（3）生产任务可以自动修改；（4）可以用来检查零部件生产的成套性。

（十八）

889. A 解析▶本题考查生产能力的种类。在编制企业年度、季度计划时，以计划生产能力为依据。所以，该企业核算生产能力的类型是计划生产能力。

890. BCD 解析▶本题考查影响企业生产能力的因素。影响企业生产能力的因素：固定资产的数量、固定资产的工作时间、固定资产的生产效率。

891. D　**解析▶** 本题考查单一品种生产条件下设备组生产能力的计算。设备组生产能力 = (单位设备有效工作时间×设备数量)/时间定额 = (250×7.5×2×20)/1 = 75 000(件)。

892. BCD　**解析▶** 本题考查生产计划的指标。生产计划应建立包括产品品种、产品质量、产品产量及产品产值四类指标为主要内容的生产指标体系。

(十九)

893. D　**解析▶** 本题考查生产能力。台时定额 = 40×0.25+50×0.2+20×0.4+80×0.15 = 40(小时)。

894. B　**解析▶** 本题考查生产能力。甲产品的生产能力 = 以假定产品计算的生产能力×甲产品占产品总产量比重 = 1 320×0.25 = 330(台)。

895. C　**解析▶** 本题考查生产能力。在企业产品品种比较复杂,各种产品在结构、工艺和劳动量差别较大,不易确定代表产品时,可采用以假定产品计算生产能力的方法。

896. BCD　**解析▶** 本题考查生产能力。影响企业生产能力的因素有:固定资产的数量、固定资产的工作时间、固定资产的生产效率。

(二十)

897. C　**解析▶** 本题考查生产作业计划编制的方法。在制品定额法也叫连锁计算法,适合大批大量生产类型企业的生产作业计划编制。

898. D　**解析▶** 本题考查在制品定额法的相关内容。在制品定额法是运用预先制定的在制品定额,按照工艺反顺序计算方法,调整车间的投入和出产数量,顺次确定各车间的生产任务。

899. AD　**解析▶** 本题考查期量标准的相关内容。在制品定额法适合大批大量生产类型企业的生产作业计划编制,大批大量生产企业的期量标准有节拍或节奏、流水线的标准工作指示图表、在制品定额等。

900. B　**解析▶** 本题考查在制品定额法的相关内容。装配车间的投入量 = 装配车间出产量+装配车间计划允许废品及耗损量+(装配车间期末在制品定额-装配车间期初在制品预计结存量) = 20 000+500+(8 000-2 000) = 26 500(台)。

(二十一)

901. D　**解析▶** 本题考查在制品定额法。在制品定额法也叫连锁计算法,适合大批大量生产类型企业的生产作业计划编制。所以选项 D 符合题意。

902. C　**解析▶** 本题考查在制品定额法。本车间投入量 = 本车间出产量+本车间计划允许废品及损耗量+(本车间期末在制品定额-本车间期初在制品预计结存量) = 2 000+50+(300-150) = 2 200(件)。

903. B　**解析▶** 本题考查在制品定额法。乙车间出产量 = 丙车间投入量+乙车间半成品外销量+(乙车间期末库存半成品定额-乙车间期初预计库存半成品结存量) = 2 000+1 000+(400-200) = 3 200(件)。

904. A　**解析▶** 本题考查在制品定额法。在制品定额法是运用预先制定的在制品定额,按照工艺反顺序计算方法,调整车间的投入和出产数量,顺次确定各车间的生产任务。所以,该企业应最后编制甲车间的生产作业计划。

(二十二)

905. C　**解析▶** 本题考查提前期法。提前期法又称累计编号法,适用于成批轮番生产类型企业的生产作业计划编制,是成批轮番生产作业计划重要的期量标准之一。

906. B　解析▶本题考查提前期法。本车间出产累计号数＝最后车间出产累计号+本车间出产提前期×最后车间平均日产量＝3 000+20×100＝5 000（号）。

907. D　解析▶本题考查提前期法。本车间投入累计号数＝最后车间出产累计号+本车间投入提前期×最后车间平均日产量，所以累计号数＝3 000+100×（20+10）＝6 000（号）。

908. ABD　解析▶本题考查提前期法。提前法的优点：（1）各个车间可以平衡地编制生产作业计划；（2）不需要预计当月任务完成情况；（3）生产任务可以自动修改；（4）可以用来检查零部件生产的成套性。

第六章　物流管理

（二十三）

909. A　解析▶本题考查保管业务。散堆方式是指将无包装的散货在仓库或露天货场上堆成货堆的存放方式，适用于不用包装的颗粒状、块状的大宗散货，如煤炭、矿砂、散粮、海盐等。

910. A　解析▶本题考查经济订货批量的计算。

$$经济订货批量＝\sqrt{\frac{2×年需求量×单次订货费}{单价×单位保管费率}}＝\sqrt{\frac{2×100\ 000×6\ 000}{1\ 200×4\%}}＝5\ 000（吨）。$$

911. AB　解析▶本题考查保管业务。检查是仓库保管业务的一项措施，其内容主要包括数量检查、质量检查、安全检查、保管条件检查等。

912. ACD　解析▶本题考查保管业务。货物保管的主要原则有质量第一原则、科学合理原则、效率原则、预防为主原则。

第七章　技术创新管理

（二十四）

913. C　解析▶本题考查企业知识产权保护策略。我国《专利法》规定，发明专利权保护期限为20年，实用新型和外观设计专利权保护期限均为10年。

914. D　解析▶本题考查市场模拟模型。在市场模拟模型中，$P＝P_0×a×b×c$，P是技术商品的价格，P_0是类似技术实际交易价格，a为技术经济性能修正系数，b为时间修正系数，c为技术寿命修正系数。根据题意可得：$P_0＝1\ 000$（万元），$a＝1.3$，$b＝1.2$，$c＝1.1$，$P＝P_0×a×b×c＝1\ 000×1.3×1.2×1.1＝1\ 716$（万元）。

915. D　解析▶本题考查成本模型。成本模型的基本出发点是：成本是价格的基本决定因素。

916. C　解析▶本题考查企业研发的模式。委托研发又称研发外包，即企业将所需技术的研发工作通过协议委托给外部的企业或者机构来完成。结合案例"甲企业使用该技术发明后，发现该项技术发明对企业技术能力的提高远远大于预期，于是同乙企业签订协议，将该技术研发委托给乙企业"，可知属于研发外包模式。

（二十五）

917. D　解析▶本题考查技术价值的评估方法。技术性能修正系数为1.15，时间修正系数为 1.1，技术寿命修正系数为 1.2。经调查，两年前类似技术交易转让价格为 50 万元。根据公式 $P = P_0 \times a \times b \times c = 50 \times 1.15 \times 1.1 \times 1.2 = 75.9$（万元）。

918. B　**解析▶** 本题考查市场模拟模型。市场模拟模型主要是模拟市场条件，假定在技术市场上交易时，估算可能的成交价格。其计算方法是，参照市场上已交易过的类似技术的价格，进行适当的修正。

919. C　**解析▶** 本题考查企业研发的模式。委托研发又称研发外包，即企业将所需技术的研发工作通过协议委托给外部的企业或者机构来完成。结合题干"甲企业同丙企业签订合作协议，将相关技术研发委托给丙企业。"可知选项 C 符合题意。

920. AD　**解析▶** 本题考查知识产权管理。我国《专利法》规定，发明专利的期限为 20 年，实用新型和外观设计专利权的期限为 10 年，均自申请之日起计算。结合题干"技术开发成功后，甲企业于 2015 年 9 月 17 日向国家专利部门提交了发明专利申请。"所以，发明专利权有效期至 2035 年 9 月 16 日，选项 A 正确；超过各自规定的年限，就不再称为专利了，也不再受到《专利法》的保护，从而成为公用物品，选项 D 正确。

（二十六）

921. D　**解析▶** 本题考查企业知识产权保护策略。我国《专利法》规定，发明专利权的保护期限为 20 年，实用新型和外观设计专利权的保护期限均为 10 年。

922. B　**解析▶** 本题考查市场模拟模型。根据公式可得：$P = P_0 \times a \times b \times c = 15 \times 1.10 \times 1.12 \times 1.3 = 24.02$（万元）。

923. D　**解析▶** 本题考查知识产权的主要形式。《知识产权协定》对其适用的知识产权类型进行了列举，即穷尽式地列举了其所适用的各类知识产权，对于此外的知识产权不予适用。这些知识产权包括版权和相关权利、商标、地理标识、工业设计、专利、集成电路布图设计（拓扑图）和未披露信息，并对协议许可中的反竞争行为的控制做出了规定。

924. C　**解析▶** 本题考查企业研发的模式。委托研发又称研发外包，即企业将所需技术的研发工作通过协议委托给外部的企业或者机构来完成。结合案例"甲企业使用该技术发明后，发现该项技术发明对企业技术能力的提高远远大于预期，于是同乙企业签订协议，将同类技术研发委托给乙企业"，可知属于研发外包模式。

（二十七）

925. B　**解析▶** 本题考查企业联盟的组织运行模式。在联邦模式中，协调机制是联盟协调委员会，该模式适用于高新技术产品的快速联合开发，根据案例表述可判断该企业与其他企业形成的企业联盟的组织运行模式是联邦模式。

926. C　**解析▶** 本题考查效益模型。效益模型的基本思路是：按技术所产生的经济效益来估算技术的价值。

927. C　**解析▶** 本题考查效益模型的计算。预计 5 年产品的销量分别为 9 万件、8 万件、6 万件、7 万件、8 万件。每件可提高 50 元。$P = 9 \times 50 \times 0.909 + 8 \times 50 \times 0.826 + 6 \times 50 \times 0.751 + 7 \times 50 \times 0.683 + 8 \times 50 \times 0.621 = 1452.2$（万元）。

928. C　**解析▶** 本题考查企业联盟。企业联盟也称动态联盟或虚拟企业，指的是两个或两个以上的对等经济实体，为了共同的战略目标，通过各种协议而结成的利益共享、风险共担、要素双向或多向流动的松散型网络组织体。

（二十八）

929. A　**解析▶** 本题考查企业联盟。平行模式适用于对存在某一市场机会的产品的联合开发及长远战略合作。

930. B　**解析▶**本题考查企业联盟。平行模式的协调机制是自发性协调。

931. B　**解析▶**本题考查市场模拟模型。市场模拟模型主要是模拟市场条件，假定在技术市场上交易时，估算可能的成交价格。其计算方法是，参照市场上已交易过的类似技术的价格，进行适当的修正。

932. C　**解析▶**本题考查市场模拟模型的计算。类似技术实际交易价格 $P_0 = 20$（万元），技术经济性能修正系数 $a = 1 + 11\% = 1.11$，时间修正系数 $b = 1 + 8\% = 1.08$，寿命修正系数 $c = (15-3)/8 = 1.5$，根据公式可得，$P = P_0 \times a \times b \times c = 20 \times 1.11 \times 1.08 \times 1.5 = 35.96$（万元）。

第八章　人力资源规划与薪酬管理

刷　冲　关

（二十九）

933. D　**解析▶**本题考查人力资源内部供给预测的方法。最常用的人力资源内部供给预测方法有三种：人员核查法、管理人员接续计划法、马尔可夫模型法。选项 A、B、C 属于人力资源需求预测方法。

934. ABC　**解析▶**本题考查影响企业外部人力资源供给的因素。影响企业外部人力资源供给的因素主要有：本地区的人口总量与人力资源供给率、本地区的人力资源的总体构成、宏观经济形势和失业预期、本地区劳动力市场的供求状况、行业劳动力市场供求状况和职业市场状况等。

935. C　**解析▶**本题考查一元回归分析法的计算。$y = 18 + 0.05x = 18 + 0.05 \times 1\,200 = 78$（人）。

936. B　**解析▶**本题考查转换比率分析法的计算。题干已知今年销售额将达到 1 200 万元，明年销售额将达到 1 800 万元，增长额为 600 万元。且销售额每增加 600 万元，需增加管理人员、销售人员和客服人员共 50 名，所以明年需新增管理人员、销售人员和客服人员共 50 名。其中管理人员、销售人员和客服人员的比例是 2：5：3，所以新增客服人员 $= 50 \times [2/(2+5+3)] = 10$（人）。

（三十）

937. C　**解析▶**本题考查期望报酬率的计算。期望报酬率的计算公式为：

$$\overline{K} = \sum_{i=1}^{n} K_i P_i = 22\% \times 0.1 + 15\% \times 0.6 + 5\% \times 0.3 = 12.7\%。$$

938. B　**解析▶**本题考查期望报酬率的标准离差。

$$\delta = \sqrt{\sum_{i=1}^{n} (K_i - \overline{K})^2 \cdot P_i}$$
$$= \sqrt{(22\% - 12.7\%)^2 \times 0.1 + (15\% - 12.7\%)^2 \times 0.6 + (5\% - 12.7\%)^2 \times 0.3}$$
$$= 5.44\%。$$

939. B　**解析▶**本题考查投资报酬率的计算。投资必要报酬率 = 无风险报酬率 + 风险报酬率 = 无风险报酬率 + 风险报酬系数 × 标准离差率 = 10% + 8% × 98% = 17.84%。

940. BC　**解析▶**本题考查标准离差的相关知识。在期望报酬率相同的情况下，标准离差越小，说明离散程度小，风险也就越小。

（三十一）

941. BD　**解析▶**本题考查人力资源供给预测。人力资源供给预测包括内部供给预测和外部供给预测两方面。最常用的内部供给预测方法有三种：人员核查法、管理人员接续计划法和马尔可夫模型法。

942. C　**解析**▶本题考查马尔可夫模型法。根据题干可知，该企业 2019 年市场营销主管的内部供给量 $= 0.7 \times 20 + 0.1 \times 100 = 24$（人）。

943. A　**解析**▶本题考查人力资源规划的内容。具体计划是指为实现企业人力资源的总体规划，而对企业人力资源各方面具体工作制定工作方案与措施，具体包括人员补充计划、人员使用计划、人员接续及升迁计划、人员培训开发计划、薪酬激励计划等。

944. CD　**解析**▶本题考查人力资源供给预测。企业进行人力资源外部供给预测时，必须考虑影响企业外部人力资源供给的因素。这些因素主要有本地区的人口总量与人力资源供给率、本地区的人力资源的总体构成、宏观经济形势和失业率预期、本地区劳动力市场的供求状况、本行业劳动力市场供求状况和职业市场状况等。

（三十二）

945. C　**解析**▶本题考查一元回归分析法的计算。$y = a + bx = 18 + 0.03x$，由于 2017 年销售额将达到 1 000 万元，所以需要销售人员 $= 18 + 0.03 \times 1\,000 = 48$（人）。

946. A　**解析**▶本题考查转换比率分析法的计算。该企业预计 2017 年销售额将达到 1 000 万元，2018 年销售额将达到 1 500 万元，由于销售额每增加 500 万元，需增加管理人员、销售人员和客服人员共 40 人，所以 2018 年增加的管理人员、销售人员和客服人员共 40 人。由于管理人员、销售人员和客服人员的比例是 1：7：2，所以增加客服人员 $= 40 \times (2/10) = 8$（人）。

947. BCD　**解析**▶本题考查人力资源供给预测的方法。人力资源供给预测的方法包括人员核查法、管理人员接续计划法和马尔可夫模型法。

948. ABD　**解析**▶本题考查人员补充计划的目标。人员补充计划的目标包括明确补充人员的数量、类型、层次和优化人员结构等。选项 C 属于人员培训开发计划的目标。

（三十三）

949. A　**解析**▶本题考查转换比率分析法的计算。该企业预计 2020 年销售额将比 2019 年销售额增加 1 000 万元，则需增加的总人数是 $1\,000/500 \times 20 = 40$（人）。需增加的管理人员是 $1/10 \times 40 = 4$（人）。

950. D　**解析**▶本题考查人力资源供给预测的方法。管理人员接续计划法主要适用于对管理人员和工程技术人员的供给预测。

951. CD　**解析**▶本题考查影响企业人力资源外部供给的因素。影响企业人力资源外部供给的因素有：本地区的人口总量与人力资源供给率；本地区的人力资源的总体构成；宏观经济形势和失业率预期；本地区劳动力市场的供求状况；行业劳动力市场供求状况；职业市场状况。

952. AD　**解析**▶本题考查人力资源规划的内容。人员补充计划的目标是明确补充人员的数量、类型、层次、优化人员结构等。选项 B 属于人员使用计划的目标，选项 C 是人员培训开发计划的目标。

（三十四）

953. BC　**解析**▶本题考查人力资源需求预测的方法。企业可以采用的人力资源需求预测方法有以下几种：管理人员判断法、德尔菲法、转换比率分析法和一元回归分析法。

954. B　**解析**▶本题考查马尔可夫模型。业务员的现有人数是 240 人，平均调动概率是

0.8，所以其内部供给量为240×0.8＝192（人）。

955. B　**解析**▶本题考查人力资源规划的内容。具体计划是指为实现企业人力资源的总体规划，而对企业人力资源各方面具体工作制定工作方案与措施，具体包括人员补充计划、人员使用计划、人员接续及升迁计划、人员培训开发计划、薪酬激励计划等。

956. ABD　**解析**▶本题考查马尔可夫模型。企业进行人力资源外部供给预测时，必须考虑影响企业外部人力资源供给的因素。这些因素主要有本地区的人口总量与人力资源供给率、本地区人力资源的总体构成、宏观经济形势和失业率预期、本地区劳动力市场供求状况、本行业劳动力市场供求状况和职业市场状况等。

（三十五）

957. A　**解析**▶本题考查薪酬区间。最高值＝区间中值×(1＋薪酬浮动率)＝5×(1＋10%)＝5.5（万元/年）。

958. A　**解析**▶本题考查薪酬区间。假设各级相差 n 元，(1)第1级别：5×(1−10%)＝4.5；(2)第2级别：4.5＋n；(3)第3级别：4.5＋2n；(4)第4级别：4.5＋3n＝5.5；所以，n＝0.33，第2级别：4.5＋0.33＝4.83（万元/年）

959. ABD　**解析**▶本题考查薪酬区间。一般来说，确定薪酬浮动率时要考虑以下几个主要因素：企业的薪酬支付能力、各薪酬等级自身的价值、各薪酬等级之间的价值差异、各薪酬等级的重叠比率等。

960. D　**解析**▶本题考查宽带型薪酬结构。宽带型薪酬结构最大的特点是扩大了员工通过技术和能力的提升而增加薪酬的可能性，使员工薪酬的增长更多地依赖于本人技能和能力的提高以及对企业贡献的增加，而不是地位的提高，从而也进一步减少了对员工进行横向甚至向下调动时所遇到的阻力。

（三十六）

961. D　**解析**▶本题考查一元回归分析法的计算。一元线性回归方程为 y＝a＋bx，已知 a＝4.6，b＝0.04，则 y＝4.6＋0.04x。已知明年销售额将达到1 600 万元，则该企业约需要销售人员＝4.6＋0.04×1 600＝68.6（人），约为69人。

962. D　**解析**▶本题考查转换比率分析法的计算。第一步计算分配率，56/(1＋4＋2)＝8；第二步分配，销售人员新增数＝4×8＝32（人）。

963. ABD　**解析**▶本题考查劳动关系计划的目标。劳动关系计划的目标主要包括降低非期望离职率、改善劳动关系、减少投诉和争议等。选项 C 属于人员接续及升迁计划的目标。

964. B　**解析**▶本题考查管理人员接续计划法的计算。该企业明年销售主管的供给量＝现职人员＋可提升人员＋招聘人员−提升出去的−退休的−辞职的＝25＋3＋4−5−3−6＝18（人）。

（三十七）

965. B　**解析**▶本题考查一元回归分析法。a＝20，b＝0.03，Y＝a＋bX＝20＋0.03X，企业预计 2015 年销售额将达到1 500 万元，所以 Y＝20＋0.03X＝20＋0.03×1 500＝65（人）。

966. B　**解析**▶本题考查人力资源需求预测。企业可以采用的人力资源需求预测的方法有管理人员判断法、德尔菲法、转换比率分析法和一元回归分析法。选项 A 属于战略控制的方法；选型 C 属于绩效考核的方法；选项 D 属于人力资源供给预测的方法。

967. CD　**解析**▶本题考查人力资源供给预测。影响企业外部人力资源供给的因素包括：本地区的人口总量与人力资源供给率；本地区的人力资源的总体构成；宏观经济形势和失业率预期；本地区劳动力市场的供求状况；行业劳动力市场供求状况；职业市场状况。

968. AB　　解析▶本题考查影响企业薪酬制度的因素。影响企业薪酬制度的内在因素主要包括：（1）企业的业务性质与内容；（2）企业的经营状况与财力；（3）企业的管理哲学与企业文化；（4）企业员工自身的差别。选项C、D属于外在因素。

第九章　企业投融资决策及并购重组

（三十八）

969. A　　解析▶本题考查资本资产定价模型。股票的资本成本率＝无风险报酬率＋风险系数×（市场平均报酬率−无风险报酬率）＝4.5%＋1.3×（12.5%−4.5%）＝14.9%。

970. C　　解析▶本题考查筹资决策。企业债券资本成本中的利息费用在所得税前列支。

971. A　　解析▶本题考查现代资本结构理论。资本结构的啄序理论认为，公司倾向于首先采用内部筹资，因而不会传递任何可能对股价不利的信息。

972. BC　　解析▶本题考查资本结构的决策方法。资本结构的定量决策方法：资本成本比较法、每股利润分析法。

（三十九）

973. C　　解析▶本题考查股权的资本成本。在资本资产定价模型下，股票的资本成本即为普通股投资的必要报酬率。普通股投资的必要报酬率＝无风险报酬率＋风险系数×（市场平均报酬率−无风险报酬率）＝3.8%＋1.2×（13.5%−3.8%）＝15.44%。

974. D　　解析▶本题考查综合资本成本率的计算。综合资本成本率＝2/6×7%＋4/6×16%＝13%。

975. ABD　　解析▶本题考查普通股融资方式的影响。增发新股会使每股收益被摊薄、大股东控股权被稀释、综合资本成本率会提高，而资产负债率会降低。

976. AB　　解析▶本题考查资本成本率的相关内容。在计算债务资本成本率时会涉及所得税，所得税率提高，会降低债务资本成本率。选项A、B是债务资本。选项C、D属于股权资本。

（四十）

977. CD　　解析▶本题考查股权资本成本。股权资本成本包括普通股、优先股和留用利润（或留存收益）的资本成本。

978. C　　解析▶本题考查个别资本成本率的计算。银行借款的资本成本率＝[借款本金×利率×（1−所得税税率）]/[借款本金×（1−筹资费率）]＝10%×（1−25%）/（1−2%）＝7.65%。

979. C　　解析▶本题考查综合资本成本率的计算。方案1的综合资本成本率＝（300/1 000）×7 65%＋（400/1 000）×10%＋（300/1 000）×12%＝9.9%。

980. BC　　解析▶本题考查决定综合资本成本率的因素。个别资本成本率和各种资本结构两个因素决定综合资本成本率。

（四十一）

981. B　　解析▶本题考查期望报酬率的计算。期望报酬率的计算公式为：

$$\overline{K} = \sum_{i=1}^{n} K_i P_i = 0.2 \times 20\% + 0.5 \times 10\% + 0.3 \times 0\% = 9\%。$$

982. AD　解析▶本题考查标准离差的相关知识。在期望报酬率相同的情况下，标准离差大的项目，说明离散程度大，风险大。

983. D　解析▶本题考查标准离差率的相关知识。如果 A、B 两个项目的期望报酬率不同，则需引入标准离差率来比较各项目的风险程度。在期望报酬率不同的情况下，标准离差率越大，风险越大；标准离差率越小，风险越小。

984. A　解析▶本题考查风险价值的概念。投资者进行风险投资是因为风险投资可以得到额外的报酬——风险报酬。

（四十二）

985. D　解析▶本题考查财务杠杆系数的计算。财务杠杆系数＝息税前利润额/（息税前利润额－债务年利息额）＝2.2/（2.2－1.1）＝2。

986. C　解析▶本题考查综合资本成本率的计算。综合资本成本率＝1/3×15%＋2/3×7%＝9.67%。

987. A　解析▶本题考查资本结构的相关知识。资本成本理论及杠杆理论都与资本结构有关，综合起来研究的目的是优化资本结构。

988. AC　解析▶本题考查筹资决策的相关知识。银行贷款在筹资总额中的比重增加，会使综合资本成本率降低。提高银行贷款，负债增加，从而资产负债率提高。

（四十三）

989. C　解析▶本题考查计算标准离差率。标准离差率＝15%÷45%×100%＝33.3%。

990. BC　解析▶本题考查标准离差率。用标准离差率来反映投资方案风险程度的大小，但标准离差率不是风险报酬率。在标准离差率的基础上，引入一个风险报酬系数来计算风险报酬率。

991. B　解析▶本题考查营业现金流量。折旧＝6÷10＝0.6（亿元）。每年净营业现金流量＝净利润＋折旧＝（1.5－0.2－0.3－0.6）×（1－25%）＋0.6＝0.9（亿元）。

992. A　解析▶本题考查贴现现金流量指标。内部报酬率是使投资项目的净现值等于零的贴现率。内部报酬率反映投资项目的真实报酬率。

（四十四）

993. B　解析▶本题考查投资回收期的计算。

年份	0	1	2	3	4	5
净现金流量	-1 200	400	400	400	400	300
累计净现金流量	-1 200	-800	-400	0	400	700

该项目投资回收期是 3 年。

994. C　解析▶本题考查净现值的计算。该项目的净现值＝400×3.17＋300×0.621－1 200＝254.30（万元）。

995. AD　解析▶本题考查净现值的优点。净现值考虑了资金的时间价值，能够反映各种投资方案的净收益。其缺点是不能揭示各个投资方案本身可能达到的实际报酬率是多少。

996. AC　解析▶本题考查投资回收期的缺点。投资回收期没有考虑资金的时间价值，没有考虑回收期满后的现金流量。

（四十五）

997. C **解析▶** 本题考查股权资本成本率的测算。普通股的资本成本率＝无风险报酬率+风险系数×（市场平均报酬率–无风险报酬率）＝5.8%+1.2×（13.8%–5.8%）＝15.4%。

998. A **解析▶** 本题考查股权资本成本率的测算。普通股资本成本率的测算有两种主要方法：股利折现模型、资本资产定价模型。

999. A **解析▶** 本题考查股权资本成本率的测算。公司的留用利润（或留存收益）是由公司税后利润形成的，属于股权资本。留用利润的资本成本是一种机会成本。留用利润资本成本率的测算方法与普通股基本相同，只是不考虑筹资费用。

1000. A **解析▶** 本题考查收购与兼并。股权交易式并购即并购企业用其股权换取被并购企业的股权或资产。采用股权交易式并购虽然可以减少并购企业的现金支出，但会稀释并购企业的大股东股权。